FORSCHUNGSBERICHT DES LANDES NORDRHEIN-WESTFALEN

Nr. 2770/Fachgruppe Physik/Chemie/Biologie

Herausgegeben im Auftrage des Ministerpräsidenten Heinz Kühn
vom Minister für Wissenschaft und Forschung Johannes Rau

Prof. Dipl.-Chem. Gerhard Kloetz, FHL
Fachhochschule Hagen, Abt. Iserlohn
Laboratorium für Oberflächentechnik

Der Einfluß organischer Glanzzusätze auf die Korrosionsbeständigkeit galvanisch abgeschiedener Nickelüberzüge

Westdeutscher Verlag 1978

CIP-Kurztitelaufnahme der Deutschen Bibliothek

Kloetz, Gerhard:
Der Einfluss organischer Glanzzusätze auf die Korrosionsbeständigkeit galvanisch abgeschiedener Nickelüberzüge / Gerhard Kloetz. - Opladen : Westdeutscher Verlag, 1978.
(Forschungsberichte des Landes Nordrhein-Westfalen ; N. 2770 : Fachgruppe Physik, Chemie, Biologie)

Gesamtherstellung: Westdeutscher Verlag

ISBN 978-3-531-02770-8 ISBN 978-3-322-87654-6 (eBook)
DOI 10.1007/978-3-322-87654-6

Inhalt

1. Einleitung

Die in modernen Hochleistungsbädern zur Anwendung kommenden organischen Glanzzusätze können in reiner Form oder in Form ihrer Zersetzungsprodukte entsprechend ihrer chemischen Zu= sammensetzung mehr oder weniger stark in den Nickelüberzug eingebaut werden.
Diese Tatsache haben R. Schneider, L. Albert und H. Fischer(1) mit Hilfe elektronenmikroskopischer Untersuchungen, ergänzt von spektrophotometrischen und gaschromatographischen Analysen unter Ausnutzung eines Phasenkontrasteffektes nachgewiesen.
Die Inkorporation der organischen Zusatzstoffe beeinflußt die strukturellen, mechanischen und elektrochemischen Eigenschaf= ten des Überzuges, insbesondere aber auch seine Korrosions= beständigkeit.
Über den Einfluß organischer Zusatzstoffe auf die physika= lischen Eigenschaften der Metallüberzüge wie z.B. Glanz, Ein= ebnung, Härte, Duktilität, innere Spannungen, über die che= mischen und elektrochemischen Umsetzungen der verwendeten organischen Verbindungen und über den Mechanismus der Metall= abscheidung in den verschiedensten Elektrolyten wurde im letzten Jahrzehnt eine Vielzahl von Arbeiten veröffentlicht. Stellver= tretend für viele Autoren seien hier ohne jede Reihenfolge genannt : Dubsky(2), Immel(3), Knödler(4) und Machu(5).
Hinsichtlich der Korrosionsbeständigkeit der aus zusatzhal= tigen Elektrolyten erzeugten Glanz- oder Halbglanznickel= schichten unter mehr oder weniger praktischen Bedingungen liegen jedoch nur in geringerem Maße Untersuchungsergebnisse vor, z.B. von M. Meller und S. Hotjanowitsch(6) über die Korrosionsbeständigkeit von Glanznickelniederschlägen und von L. Orgovány(7) über die auf Grund von polarographischen Untersuchungen gezogenen Schlußfolgerungen.
Dies ist um so bedauerlicher, als gerade durch Korrosion der Volkswirtschaft erhebliche Werte verlorengehen, z.B. nach Schätzungen auf der Basis von 1968/69 in einem Jahr 19 Milliarden DM, von denen ca. 4,3 Milliarden DM nach dem heutigen Stand der Technik vermeidbar wären.
Sicher liegt die geringe Anzahl von Untersuchungen über die Korrosionsbeständigkeit auch an der schwierigen subjektiven Beurteilung von Korrosionserscheinungen, an der Tatsache, daß bei den Kurzprüfungen meistens nur eine Art der Korro= sionsbeanspruchung simuliert werden kann, und an der oft schlechten Reproduzierbarkeit und Vergleichbarkeit der Ergebnisse bei vielfach unterschiedlichen Versuchsbedingungen.

Der vorliegende Bericht soll an Hand von Untersuchungsergeb= nissen aufzeigen, ob und wie stark die Korrosionsbeständigkeit von Nickelüberzügen durch die Verwendung verschiedener organischer Zusatzmittel unter genormten Prüfbedingungen beeinflußt wird, und wie mit Hilfe ebenfalls genormter Ver= fahren die Korrosionsprüfungen ausgewertet und unter Umstän= den miteinander verglichen werden können.

2. Glanzvernicklung

2.1 Allgemeines

Nickel gehört zu den wichtigsten auf galvanischem Wege ab= geschiedenen Metallen. Es wird in größtem Umfang sowohl zum Korrosionsschutz als auch für rein dekorative Zwecke auf Eisen, Stahl, Kupfer, Messing, Zinkspritzguß, Aluminium usw. aufgebracht.

Reine Nickelüberzüge verwendet man auf Gegenständen, die einer nicht allzu agressiven Atmosphäre ausgesetzt sind, z.B. Bau= elemente der Elektroindustrie, bestimmte Haushaltsartikel usw., während bei höheren Beanspruchungen fast ausnahmslos nach= folgend verchromt wird.

Die aus einfachen Nickelbädern abgeschiedenen Nickelüberzüge mußten früher zur Erhöhung der dekorativen Wirkung, insbeson= dere auch vor einer nachfolgenden Verchromung, mechanisch poliert werden. Auf solchen polierten metallischen Oberflächen entsteht reproduzierter Glanz, der jedoch nur bei dünneren Schichten erhalten bleibt, bei dickeren Schichten erheblich abnimmt.
Abgesehen von der erheblichen Handarbeit führt das Polieren auch zu einem Nickelabtrag von etwa 30 %, der die Korrosions= beständigkeit des Überzuges verschlechtert und in einer Zeit der Rohstoffverknappung kaum zu verantworten ist.
Die umständliche Behandlung der Gegenstände vor einer nach= folgenden Verchromung, (Abnehmen der vernickelten Gegenstände vom Gestell, Polieren, nochmaliges Entfetten), fällt durch Anwendung der modernen Hochglanznickelbäder, bei denen man unmittelbar hochglänzende und eingeebnete Nickelüberzüge erhält, fort.
Die Hochglanznickelbäder stellen also gegenüber früheren Verfahren einen gewaltigen Fortschritt dar und unterstützen die weltweiten Bemühungen der Galvanotechnik, durch Verringerung der Schichtdicken Metall einzusparen, ohne die Korrosionsbestän= digkeit des Gesamtsystems zu verschlechtern.

Die aus Hochglanznickelbädern abgeschiedenen Nickelüberzüge weisen arteigenen Glanz auf. Er wird durch Glanzzusätze in den Elektrolyten bewirkt, wodurch sich auch auf matten Oberflächen glänzende Überzüge abscheiden lassen. Im Gegensatz zum repro= duzierten Glanz bleibt der arteigene Glanz bei beliebig dicken Überzügen erhalten und nimmt unter Umständen mit größerer Schichtdicke noch zu.

2.2 Entstehung des Glanzes

Über die Entstehung des Glanzes, über die Wirkung von Bad=zusätzen auf Glanzbildung und Einebnung als auch über das Verhalten organischer Zusatzstoffe in Nickelbädern und deren Einbau in galvanisch abgeschiedenes Nickel gibt es sehr zahl=reiche Veröffentlichungen. Wenn auch die hierin beschriebenen Untersuchungen z.B. von E.Raub, O.Loebich und K.Müller(8,9), J.J.Matulis(10) und L.Orgovány(7) viele gesicherte Einzel=ergebnisse zum Fragenkomplex der Glanzvernicklung erbrachten, so sind doch die komplizierten Vorgänge, die an der Kathode in Verbindung mit den Zusatzstoffen zu glänzenden Überzügen führen, noch nicht restlos geklärt.
Deshalb soll im Rahmen dieser Arbeit nur auf die wichtigsten Theorien kurz eingegangen werden.

2.2.1 Die Feinstkorntheorie

Galvanische Überzüge weisen ein glänzendes Aussehen auf, wenn die abgeschiedenen Kristalle kleiner sind als die kleinste Wellenlänge des sichtbaren Lichtes, (etwa 0,4 bis 0,5 Mikro=meter). Da bei solchen feinkristallinen Niederschlägen beim Auftreffen von Licht jede diffuse Reflexion fehlt, erscheint die Oberfläche glänzend(11). Von vielen Forschern wird jedoch die systematische Beziehung zwischen Korn- bzw. Kristallgröße und Glanz bestritten, da Niederschläge sehr feinkristallin sein können, ohne eine glänzende Oberfläche zu zeigen(12,13).

2.2.2 Die Texturtheorie

Hier wird zusätzlich zur Feinstkorntheorie angenommen, daß sich durch bestimmte Anordnung einer planen Kristallfläche parallel zur Grundfläche eine einheitliche Oberfläche bildet. Dadurch wird das Licht nicht mehr diffus reflektiert, so daß Glanz entsteht(12). Da aber verschiedene Untersuchungen ergeben ha=ben, daß die meisten glänzenden Überzüge regellos orientiert sind(12,13), wird zumindest teilweise auch diese Theorie widerlegt.

2.2.3 Die Adsorptionstheorie

Wenn auch noch einige Einzelheiten aufzuklären sind, so wird die Adsorptionstheorie doch weitgehend anerkannt.
Die organischen Glanzzusätze und/oder deren Zersetzungspro=dukte werden an der Kathodenoberfläche adsorbiert und greifen direkt in die Abscheidungsvorgänge ein. Die Adsorption erfolgt bevorzugt an den erhöhten Stellen des Mikroprofils, (d.h. an den Rauhigkeitsspitzen), sowie an den Wachstumsstellen.
An solchen Stellen wird durch die an der Kathode von den orga=nischen Molekülen gebildete Adsorptionsschicht die Polarisation erhöht und das Kristallwachstum bzw. die Nickelabscheidung ge=hemmt. In Vertiefungen werden dagegen weniger Zusatzstoffe adsorbiert, die Polarisation ist geringer und die dadurch be=dingte höhere Stromdichte zwingt die Metallionen, sich vor=wiegend in diesen Vertiefungen und inaktiven Stellen abzuschei=den. Die stärkere Nickelabscheidung in den Vertiefungen und die geringere Abscheidung an den Rauhigkeitsspitzen wirken sich als Einebnung und Glanz aus(14).

Erwähnt soll noch sein, daß die erhöhte Polarisation und die dadurch erschwerte Nickelabscheidung zu einer Begrenzung der Korngröße des abgeschiedenen Nickels führen, wodurch auch Aussagen der Feinstkorntheorie zumindest teilweise zur end= gültigen Erklärung des Glanzes mit herangezogen werden können (12,13,14,15,16).
Wie in der Einleitung bereits kurz erwähnt, können die an der Kathode adsorbierten organischen Glanzzusätze oder die durch Reduktion, Hydrolyse, Hydrogenolyse, Hydrierung, Desulfurie= rung usw. gebildeten Zersetzungsprodukte in den Nickelnieder= schlag mehr oder weniger stark eingebaut werden. Sie sind als Fremdstoffe anzusehen und bewirken keine Gitteraufwei= tung, sondern lediglich mehr oder weniger starke Gitterstö= rungen(17).
Der Mechanismus der Umwandlungsprozesse von ungesättigten Alkoholen während der Vernicklung sowie dessen Beeinflussung durch schwefelhaltige Stoffe wird z.B. von Metzger(18) beschrieben.
Eine neuere Theorie über die Wirkung von Badzusätzen, die als diffusionsgesteuerter Mechanismus bezeichnet wird, stellten Osterwald und Schulz-Harder(19) auf.
Schneider, Albert und Fischer(1) wiesen nach, daß bei steigen= der Stromdichte auch die Größe der Einschlüsse anwächst, was auf eine Polymerisation der organischen Substanzen schließen läßt. Doty und Riley(20) untersuchten den Einbau von Glanz= zusätzen in Nickelniederschläge mit Hilfe der radioaktiven Spurenmethode.
So gibt es über die Entstehung des Glanzes, über die Adsorp= tion und den Einbau organischer Zusatzstoffe und über die Abscheidungsvorgänge an der Kathode viele gesicherte Erkennt= nisse, doch müssen auch noch einige Unstimmigkeiten geklärt und manche Probleme einer Lösung zugeführt werden.

2.3 Bezeichnung und Einteilung der Glanzzusätze

Die Bezeichnung und Einteilung der Zusatzstoffe in der Litera= tur ist leider nicht einheitlich. So nennt man z.B. die pri= mären Glanzzusätze in Deutschland Glanzträger oder Weich= macher, während anderenorts die sekundären Glanzzusätze als Glanzträger, im Englischen auch als Secondary-Brightener be= zeichnet werden.
Im folgenden wird die Einteilung nach dem in Amerika und in der Bundesrepublik Deutschland meistens üblichen Prinzip vor= genommen, welches z.B. auch Saubestre(21), Dettner(31, 17)und Brugger(12) anwenden und beschreiben.

2.3.1 Glanzzusätze erster Klasse
(Primäre Glanzmittel = Glanzträger oder Weichmacher)

Glanzzusätze der ersten Klasse enthalten die Bindung C - S mit 6- oder 4-wertigem Schwefel.
Beispiele für Stoffe dieser Gruppe :

Alkylsulfonsäuren,
Naphthalinsulfonsäuren,
Benzolsulfonsäuren,
Sulfonamide,
Sulfonimide,
Sulfinsäuren

2.3.2 Glanzzusätze zweiter Klasse (Sekundäre Glanzmittel = Glanzbildner)

Glanzzusätze der zweiten Klasse enthalten Doppelbindungen oder Dreifachbindungen. Bei den in dieser Gruppe vorkommenden Schwefelverbindungen ist der Schwefel 2-wertig.
Beispiele für Stoffe dieser Gruppe :

Aldehyde,
Ketone,
Karbonsäuren,
Allyl- und Vinylverbindungen,
Kumarin,
Äthin (Azetylen),
Azin- und Thiazinfarbstoffe, Chinidine, Pyrimidine,
Pyrazole, Imidazole,
Thioharnstoff, zyklische Harnstoffe,
Azofarbstoffe.

Es ist jedoch nicht so, daß sich jede Verbindung mit Doppel- oder Dreifachbindung als Glanzmittel eignet.
Auch lassen sich verschiedene Zusatzstoffe nicht eindeutig der einen oder anderen Gruppe zuordnen, weil sie schon für sich al= lein einen Glanz ergeben, wie er meistens nur durch Kombination von Glanzzusätzen erster Klasse und Glanzzusätzen zweiter Klasse zustande kommt.

3. Versuchsanordnung und Versuchsdurchführung

Für die Versuche wurden insgesamt 22 durch Voruntersuchungen ausgewählte Glanzzusätze bzw. Glanzzusatzkombinationen ver= wendet.
Die Abscheidung der Nickelüberzüge gleicher Schichtdicke auf Stahlblech erfolgte bei drei verschiedenen Stromdichten aus Nickelbädern, welche die Zusätze in drei verschiedenen Kon= zentrationen enthielten.
Zur Prüfung der Korrosionsbeständigkeit kamen die Salzsprüh= nebelprüfung CASS DIN 50 021 und das Corrodkote-Verfahren (DIN 50 958) zur Anwendung.

3.1 Grundwerkstoff

Für sämtliche Versuche wurde Stahlblech der Sorte St 13 03, Tiefziehqualität mit üblicher kaltgewalzter Oberfläche, Dicke 1 mm, verwendet.
Der Zuschnitt der Probebleche betrug 100 x 100 mm und war einerseits so groß gewählt worden, um Zufallsergebnisse auf kleineren Flächen auszuschließen bzw. stark zu reduzieren, andererseits weil die zur Auswertung herangezogene wesent= liche Stelle nach DIN 50 980 (Januar 1975) mindestens eine Fläche von 5000 mm^2 aufweisen sollte.
(Wesentliche Stellen sind Stellen, an denen der vorgeschrie= bene Überzug für das Aussehen und den Verwendungszweck erforderlich ist).

3.1.1 Vorbehandeln der Oberfläche

Die Reinigung der Probebleche erfolgte durch eine Abkochent= fettung und eine elektrolytische Entfettung mit anschließen= dem Dekapieren in verdünnter Schwefelsäure. Nach dem Spülen in Wasser wurde ohne Verzögerung vernickelt, damit die Probe= bleche nicht wieder oberflächlich korrodierten, was zu Schlei= ern oder fehlerhaften Überzügen hätte führen können.

3.1.1.1 Abkochentfettung

Das verwendete Bad hatte folgende Zusammensetzung :

25 g/l Natriumhydroxid, NaOH

10 g/l Natriumkarbonat, Na_2CO_3

15 g/l Trinatriumphosphat, $Na_3PO_4 \cdot 12\ H_2O$

10 g/l Natriummetasilikat, $Na_2SiO_3 \cdot 5\ H_2O$

1 g/l Natriumlaurylsulfat, $CH_3-(CH_2)_{10}-CH_2-O-SO_3-Na$

Arbeitsbedingungen :

Temperatur 80 °C bis 90 °C

Behandlungsdauer 5 Minuten

Nach der Abkochentfettung wurde gründlich in Leitungswasser und in destilliertem Wasser gespült.

3.1.1.2 Elektrolytische Entfettung

Zusammensetzung des Bades :

40 g/l Natriumhydroxid, NaOH

20 g/l Natriumkarbonat, Na_2CO_3

5 g/l Natriumzyanid, NaCN

Dauer der elektrolytischen Entfettung 1 bis 2 Minuten

Stromdichte $5 A/dm^2$

Die Probebleche waren die meiste Zeit kathodisch geschaltet, zum Schluß ganz kurz anodisch.

3.2 Vernickeln

Für die Versuche wurde als Standard-Nickelbad ein Watts-Bad(22) folgender Zusammensetzung verwendet :

300 - 310 g/l Nickelsulfat, $NiSO_4 \cdot 7\ H_2O$

50 g/l Nickelchlorid, $NiCl_2 \cdot 6\ H_2O$

40 g/l Borsäure, H_3BO_3

0,2 - 0,4 g/l Natriumlaurylsulfat

Arbeitsbedingungen :

Temperatur (55 ± 3) °C

pH-Wert 3,8 - 4,1

Natriumlaurylsulfat war das erste in der Galvanotechnik verwendete Netzmittel(23). Über sein Verhalten in Glanznickelbädern liegen Untersuchungen von P.W.Wild(24) vor.

Die Temperatur des Bades von 55 °C sollte die Eigenspannungen im Überzug, die durch Elektrolytzusätze hervorgerufen werden, möglichst gering halten(17).

Als Badbehälter diente ein 10 Liter fassender Doppelbehälter aus Kunststoff, dessen Mantelraum zwischen Innen- und Außenwanne für die indirekte Beheizung durch warmes Wasser verwendet wurde.
Die Badbewegung erfolgte durch eine spezielle Badbewegungseinrichtung mit einer Bewegungsgeschwindigkeit von ca. 3m/min.

Da die Schichtdicke für alle Probebleche 10 µm ± 1 µm betragen sollte, war die Dauer der Vernicklung jeweils von der vorgesehenen Stromdichte abhängig.
Bei Stromausbeuten von etwa 94 % bis 96 % ergaben sich Expositionszeiten von

52 ± 2	Minuten	bei der Stromdichte	1 A/dm^2
26 ± 1	Minute	bei der Stromdichte	2 A/dm^2
6,5 ± 0,5	Minuten	bei der Stromdichte	8 A/dm^2

Trotz sorgfältigstem Einhalten aller Versuchsbedingungen war eine wesentlich geringere Streuung als 1 µm um den Sollwert von 10 µm herum nicht zu erreichen.

10 µm Nickel auf Stahl wurden als eine übliche durchschnittliche Schichtdicke angesehen, die vielen Anforderungen vor allem in der Elektroindustrie gerecht wird. Die in der Automobilindustrie üblichen hohen Schichtdicken von 20 µm bis 25 µm Nickel im Gesamtsystem Kupfer-Nickel-Chrom konnten aus mancherlei Gründen bei den Versuchen nicht berücksichtigt werden. Dies bleibt unter Umständen späteren Untersuchungen vorbehalten.

Für den mit größtmöglicher Genauigkeit durchgeführten Ansatz der verschiedenen Nickelbäder fanden nur analysenreine Chemikalien Verwendung. Auf größte Sauberkeit der verwendeten Elektrolyte wurde besonderer Wert gelegt, da nur so ein echter Vergleich der Nickelüberzüge möglich war. Die sorgfältige Einhaltung aller Versuchsbedingungen und deren ständige Überprüfung war auch im Hinblick auf die Reproduzierbarkeit der Ergebnisse besonders wichtig.
Aus diesem Grunde wurde auch bei jedem neu angesetzten Nickelbad und nach jeder Konzentrationsänderung des Glanzzusatzes ein Vergleichsblech vernickelt, die Schichtdicke der Vernicklung an diesem Blech mit dem Coulomat und dem Nickelscope bestimmt und daraus auf die genauen Expositionszeiten für den Hauptversuch geschlossen.

Der Ansatz der Nickelbäder erfolgte mit destilliertem Wasser, da andernfalls die Ergebnisse der Korrosionsprüfungen hätten verfälscht werden können,(siehe 4.2.1 - Seite 27).

3.3 Organische Glanzzusätze

3.3.1 Auswahl durch Vorversuche

Aus einer großen Reihe aufwendiger Vorversuche in Form von Galvanisierungsprüfungen mit der Hull-Zelle nach DIN 50 957, bei denen auf guten Glanz in einem großen Stromdichtebereich, auf gute Einebnung auch bei geringen Schichtdicken, weitgehende Stabilität der Zusätze und auf kritische Konzentrationsgrenzen geachtet wurde, kristallisierten sich 22 Glanzzusätze bzw. Glanzzusatzkombinationen mit gutem Ergebnis heraus, die für den Hauptversuch Verwendung fanden.
Außer mit diesen 22 für den Hauptversuch ausgesuchten Glanzzusätzen wurden bei verschiedenen Konzentrationen und bei den drei vorgegebenen Stromdichten 1 A, 2 A und 8 A jeweils mindestens sechs, im Höchstfall achtzehn Einzelversuche ohne befriedigendes Ergebnis mit folgenden organischen Verbindungen durchgeführt :

Allensulfonsäure, Allylalkohol (= 1-Propen-3-ol), Allylchinaldiniumbromid, Allylsulfonsäure, Amidosulfosäure, 2-Aminothiazol, Atropasäure, Benzoylsulfamid, Benzoylsulfimid, cis-2-Buten-1,4-diol, 2-Butin-1,4-Disulfonsäure, Furfurylalkohol, Furfurol, 3-Hexen-1-ol, 1-Hexin-3-ol, Hydrochinon, 2-Methyl-3-Butin-2-ol, Methylen-bis-naphthalinsulfonsäure, 3-Methyl-1-pentin-3-ol, Piperonal, 1-Phenyl-2-propin-1-ol, Phenylpropiolamid, Phenylpropiolsäure, Phenylpropionsäure (= Hydrozimtsäure), Phthalimid, Propargylalkohol, Benzolsulfaminsäure, N-Thyazolyl-2-sulfanilamid, Allylamin und Zimtsäure.

Unter diesen nach den Untersuchungen in der Hullzelle nicht ausreichend beurteilten organischen Verbindungen mit möglicher Glanzwirkung sind mit Sicherheit viele, die unter abgeänderten Versuchsbedingungen oder in Kombination mit anderen Glanzzusätzen gute Ergebnisse liefern würden.
Ein Beispiel ist der Propargylalkohol, der als sehr starker Inhibitor in einem ganz eng begrenzten Konzentrationsbereich brauchbare Niederschläge liefert(14), für den Hauptversuch jedoch wegen der kritischen Konzentrationsgrenze nicht in Frage kam.

3.3.2 Glanzzusätze für den Hauptversuch

Die durch Vorversuche ausgewählten und als Modellsubstanzen für den Hauptversuch verwendeten Glanzzusätze und Glanzzusatz=kombinationen sind im folgenden mit ihren Kennbuchstaben, abgekürzten Strukturformeln (rationellen Formeln) und Summen=formeln aufgeführt :

1. Glanzzusätze der ersten Klasse

Kenn=buch=stabe	Glanzzusatz	Abgekürzte Strukturformel	Summenfor=mel
A	Benzolsulfonamid (Benzolsulfamid)	$C_6H_5\text{-}SO_2\text{-}NH_2$	$C_6H_7NO_2S$
B	p-Toluolsulfonamid (Toluolsulfonsäure-4-amid, p-Toluolsulfamid)	$CH_3\text{-}C_6H_4\text{-}SO_2\text{-}NH_2$	$C_7H_9NO_2S$
C	Saccharin (o-Sulfobenzoesäure=imid)	$C_6H_4\genfrac{}{}{0pt}{}{\diagup CO \diagdown}{\diagdown SO_2 \diagup}NH$	$C_7H_5NO_3S$
D	o-Benzaldehydsulfon=säure, Natriumsalz	$C_6H_4\genfrac{}{}{0pt}{}{\diagup CHO}{\diagdown SO_3Na}$	$C_7H_5NaO_4S$
E	Benzol-1,3-disulfon=säure, Dinatriumsalz (Dinatriumbenzol=disulfonat)	$C_6H_4(SO_3Na)_2$	$C_6H_4Na_2O_6S_2$
F	Naphthalintrisulfon=säure, Trinatriumsalz (Gemisch der 1,3,6- und 1,3,7-Trisulfona=te im Verhältnis 3 : 1)	$C_{10}H_5(SO_3Na)_3$	$C_{10}H_5Na_3O_9S_3$

2. Glanzzusätze der zweiten Klasse

Kenn=buch=stabe	Glanzzusatz	Abgekürzte Strukturformel	Summen=formel
G	Thioharnstoff	$S = C = (NH_2)_2$	CH_4N_2S
H	3-Butin-2-ol (45-50%-ige Lösung in Wasser)	CH_3-CH(OH)-C=CH	C_4H_6O
J	2-Butin-1,4-diol	CH_2(OH)-C=C-CH_2(OH)	$C_4H_6O_2$
K	3-Hexin-2,5-diol	CH_3-CH(OH)-C=C-CH(OH)-CH_3	$C_6H_{10}O_2$
L	Cumarin	CH=CH C_6H_4 | O -CO	$C_9H_6O_2$

3. Glanzzusatzkombinationen

M	Benzolsulfonamid + 3-Butin-2-ol	
N	Benzolsulfonamid + 2-Butin-1,4-diol	
O	Benzolsulfonamid + 3-Hexin-2,5-diol	
P	Saccharin + 3-Butin-2-ol	
Q	Saccharin + 2-Butin-1,4-diol im Verhältnis	1 : 1
R	Saccharin + 2-Butin-1,4-diol im Verhältnis	1 : 2
S	Saccharin + 2-Butin-1,4-diol im Verhältnis	2 : 1
T	Saccharin + 2-Butin-1,4-diol im Verhältnis	5 : 4
U	Saccharin + 3-Hexin-2,5-diol	
V	o-Benzaldehydsulfonsäure (Na-salz) + 2-Butin-1,4-diol	
W	Naphthalintrisulfonsäure (Trinatriumsalz) + 2-Butin-1,4-diol	

3.4 Beispiel des Arbeitsablaufs bei einem Glanzzusatz

1. Abkochentfettung (siehe 3.1.1.1)
2. Spülen
3. Elektrolytische Entfettung (siehe 3.1.1.2)
4. Spülen
5. Dekapieren
6. Spülen
7. Ansatz eines Nickelbades der unter 3.2 angegebenen Zusammensetzung
8. Badanalyse
9. Vernickeln von 5 Blechen ohne Glanzzusatz (Konzentration 0) bei der Stromdichte 1 ($1A/dm^2$)
10. Zugabe des Glanzzusatzes in der Konzentration 1, Vernickeln von 5 Blechen
11. Erhöhen der Glanzzusatzmenge auf die Konzentration 2, Vernickeln von 5 Blechen
12. Erhöhen der Glanzzusatzmenge auf die Konzentration 3, Vernickeln von 5 Blechen
13. Badanalyse
14. Ansatz eines neuen Nickelbades nach 3.2
15. Badanalyse
16. Bei der Stromdichte 2 ($2A/dm^2$) : Vernickeln von 5 Blechen ohne Glanzzusatz (Konzentration 0) wie bei Position 9 und dann Vernickeln von jeweils 5 Blechen bei den Glanzzusatzkonzentrationen 1,2 und 3 (entsprechend den Positionen 10,11 und 12)
17. Badanalyse
18. Ansatz eines neuen Nickelbades nach 3.2
19. Badanalyse
20. Bei der Stromdichte 3 ($8A/dm^2$) : Vernickeln von 5 Blechen ohne Glanzzusatz (Konzentration 0) wie bei Position 9 und dann Vernickeln von jeweils 5 Blechen bei den Glanzzusatzkonzentrationen 1,2 und 3 (entsprechend den Positionen 10,11 und 12)
21. Badanalyse

Dieser Arbeitsablauf wurde bei allen 22 Glanzzusätzen und Glanzzusatzkombinationen genauestens eingehalten.
Obwohl es nicht nötig gewesen wäre, bei jedem Glanzzusatz bei den drei verschiedenen Stromdichten Blindversuche mit der Konzentration 0 durchzuführen, wurde dies dennoch zur weiteren Kontrolle der Ergebnisse bzw. auch der Kontrolle der Versuchsbedingungen während der Korrosionsversuche für wichtig erachtet, da nur die Bleche aus vier Glanzzusatzversuchen (= 48 Probebleche) gleichzeitig im CASS-Test und nur die Bleche aus zwei Glanzzusatzversuchen (= 24 Probebleche) gleichzeitig im Klimaraum für das Corrodkote-Verfahren geprüft werden konnten.

Damit die Badzusammensetzung bei allen Versuchen weitgehend die gleiche war, erfolgte bei jeder Glanzzusatzversuchsreihe für jede Stromdichte ein Neuansatz des Nickelbades.
Die Badanalysen nach dem Ansatz der Nickelbäder und nach dem Ende der Vernicklung bei jeder einzelnen Stromdichte dienten zusätzlich der Kontrolle der Zusammensetzung.

Bei jeder einzelnen Glanzzusatzversuchsreihe wurden bei den Stromdichten von $1A/dm^2$, $2A/dm^2$ und $8A/dm^2$ und den Glanzzusatzkonzentrationen 0,1,2 und 3 jeweils 5 Probebleche vernickelt :

ein Blech für den CASS-Test,
ein Blech für das Corrodkote-Verfahren,
ein Blech für die Glanz-, Schichtdicken- und Rauhigkeitsmessung,

ein Blech als Rücklage für eventuell mißlungene Versuche,
ein Blech aus nichtrostendem Stahl(CrNi 18/8), von dem die Nickelschicht zwecks späterer chemischer Untersuchung und für die Eichung bzw. für die Kalibrierung des Schichtdickenmeßgerätes Nickelscope (siehe 3.5.2.1) abgezogen werden konnte.

Um jede Verwechslung von Probeblechen auszuschließen, wurde eine 4-stellige Schlagkennzeichnung vorgenommen, die auch im Tabellenteil Verwendung findet:

1. Stelle	2. Stelle	3. Stelle	4. Stelle
Buchstabe = Art des Glanzzusatzes, z.B. A,B,C,D...	Zahl = Stromdichte 1 = $1A/dm^2$, 2 = $2A/dm^2$, 3 = $8A/dm^2$	Zahl = Konzentration des Glanzzusatzes, z.B. 0,1,2,3	Zahl = Art der Prüfung 1 = CASS, 2 = Corrodkote, 3 = Glanz, Schichtdicke, Rauhigkeit 4 = Rücklage, 5 = Nirostablech

3.5 Messung des Glanzes, der Schichtdicke und der Rauhigkeit

3.5.1 Glanzmessung

Die Messung des Glanzes wurde als Vergleichsmessung mit dem Glanzmeßgerät nach Dr. Lange vorgenommen. Bei der Glanzmessung wird die Probe unter einem Winkel von 45° beleuchtet, die Intensität der unter 45° reflektierten Strahlung mit einer Selen-Photozelle unter Zuhilfenahme eines Multiflex-Galvanometers vermessen, (der Gesamtwinkel zwischen Lampe und Selenphotozelle beträgt 90° !). Die Reflexionsfähigkeit wurde in Prozenten gegenüber der als 100 %-ig angenommenen Reflexionsfähigkeit eines silbernen Spiegels ausgedrückt.
Hiernach kann man etwa zuordnen :

Mattnickelüberzüge	einem Glanz unter	35 %,
Nickelüberzüge mit schwachem Halbglanz	einem Glanz zwischen	35 - 55 %,
Nickelüberzüge mit starkem Halbglanz	einem Glanz zwischen	55 - 70 %
und Glanznickelüberzüge	einem Glanz über	70 %.

3.5.2 Schichtdickenmessung

Die Messung der Schichtdicke wurde zwecks erhöhter Sicher=heit der Meßergebnisse sowohl nach einem zerstörungsfreien als auch nach einem zerstörenden Schichtdickenmeßverfahren vorgenommen.

3.5.2.1 Zerstörungsfreies Meßverfahren

Hier erfolgte die Schichtdickenmessung nach dem magnetisch-induktiven Meßprinzip mit dem Nickelscope, welches auf die magnetischen Eigenschaften des Nickels abgestimmt ist.
Beim magnetisch-induktiven Meßprinzip wird die Abhängigkeit des magnetischen Flusses, der von der Meßsonde durch die nicht oder nur gering ferromagnetische Schicht zum ferro=magnetischen Grundwerkstoff fließt, zur Messung der Schicht=dicke ausgenutzt. Je dicker die Schicht ist, desto geringer ist der magnetische Fluß(25).
Vor einer Messung bzw. Meßreihe muß das Nickelscope kalibriert werden, um die unterschiedlichen magnetischen Eigenschaften der Nickelschicht und des Trägerwerkstoffes bei ferromagneti=schem Trägermaterial aus dem Meßergebnis zu eliminieren.
Dies geschah mit einem unbeschichteten Probeblech und mit einer Nickelfolie mit einem Dickenwert, der nahe dem End=wert des zu kalibrierenden Meßbereiches lag. Diese Nickelfolie wurde nach dem gleichen Verfahren hergestellt wie die zu mes=sende Nickelschicht auf den Probeblechen (siehe 3.4, Seite 18).
Die verwendete Meßsonde mit konstanter Aufsetzkraft gestattet es durch die genau definierte, federbelastete Aufhängung des pendelnden Meßsystems im Sondenkörper Messungen unabhängig von der Bedienungsperson und unbeeinflußt von der manuellen Aufsetzkraft durchzuführen.

3.5.2.2 Zerstörendes Meßverfahren

Zur Anwendung kam das sehr genaue coulometrische Verfahren zur Messung der Dicke galvanischer Überzüge nach DIN 50 955 (Juli 1972). Im Gegensatz zur galvanischen Metallabscheidung wird hierbei eine Überzugsfläche mit bekannten Abmessungen bei konstantem Strom in einem geeigneten Elektrolyten anodisch gelöst. Der verwendete coulometrische Schichtdicken=messer Coulomat 2000 arbeitet z.B. nach diesem Prinzip der anodischen Ablösung mit coulometrischer Messung. Der Prüfling wird in einer Miniaturelektrolyse als Anode geschaltet und die zu messende Schicht galvanisch abgelöst. Hierzu wird eine kleine Meßzelle aus Metall mit Hilfe einer Gummidichtung auf das Probeblech gesetzt und mit dem speziellen Ablöse=elektrolyten gefüllt. Die Gummidichtung hat einen kreisrunden Ausschnitt genau definierter Fläche. Auf dieser Fläche wird das Überzugsmetall durch den vom Gerät gelieferten Strom gleichmäßig abgelöst. Der galvanischen Zelle ist ein empfind=licher elektronischer Verstärker nachgeschaltet, der die Elementspannung verstärkt. Ist die Schicht abgelöst, und kommt das darunterliegende Grundmaterial zum Vorschein, so ändert sich schlagartig die Elementspannung. Dieser Spannungs=impuls (Potentialsprung) wird verstärkt und dient zum Still=setzen des Gerätes. Unter Berücksichtigung aller physika=lischen Faktoren ist die Zeit für das Ablösen des Überzuges direkt ein Maß für die Schichtdicke.

Ein vom Beginn der Messung bis zu ihrer automatischen Beendigung mitlaufender elektrischer Zähler zeigte sofort nach Abschluß der Messung die Schichtdicke ohne Umrechnung an. (Der erwähnte spezielle Ablöseelektrolyt bewirkte erst bei Stromdurchgang eine aktive Ablösung. Deshalb konnten keine Meßfehler durch verschieden schnelles Hantieren bei der Vorbereitung der Messung auftreten).

Wegen der größeren Genauigkeit der Meßergebnisse wurden sowohl vor Beginn einer Meßreihe Probebestimmungen mit speziellen Eichblechen genau definierter Nickelschichtdicke als auch beim zerstörungsfreien und beim zerstörenden Verfahren Schichtdickenmessungen an jeweils fünf Stellen eines jeden Probebleches vorgenommen.

Alle vernickelten Probebleche, bei denen die Nickelschichtdicke im Mittel um mehr als $\pm$ 0,8 μm vom Sollwert 10 μm abwich, wurden für die Korrosionsversuche verworfen und durch nochmals vernickelte Bleche ersetzt, bei denen die Nickelschichtdicke innerhalb der Toleranz lag.

3.5.3 Rauhigkeit

Die Messung der Rauhigkeit der Oberfläche erfolgte mit dem Leitz-Forster-Oberflächenmeßgerät nur an den Probeblechen der ersten acht Glanzzusatzversuchsreihen (A - H), wobei im allgemeinen die Rauhigkeit mit steigendem Glanz abnahm. Es ergaben sich Werte zwischen 1,5 μm (Minimalwert) und 6 μm (Maximalwert).
Da aber die Abnahme der Rauhigkeit mit zunehmendem Glanz und mit zunehmender Einebnung eine bekannte Tatsache darstellt, und sich keinerlei Beziehungen zwischen den verwendeten Glanzzusätzen und den Rauhigkeitswerten herleiten ließen, wurde dieses Kriterium nicht weiter verfolgt und weder in den Tabellen noch bei der Auswertung berücksichtigt.

4. Korrosionsprüfungen

Metallüberzüge dienen überwiegend dem Korrosionsschutz der Unterlage. Es gibt heute kaum Verwendungszwecke für galva=nische Überzüge, bei denen neben der dekorativen Wirkung die korrosionsschützende Wirkung keine Bedeutung hätte. Da die dekorative Wirkung eines Gegenstandes ihren Zweck verfehlt hät=te, wenn sie nach kurzer Zeit durch Korrosion zerstört werden würde, beurteilt man den Nutzwert von Überzügen vor allem nach ihrer Korrosionsbeständigkeit. Deshalb spielen Korro=sionsprüfungen, welche Aussagen über die Korrosionsbeständig=keit von galvanischen Überzügen, Bauelementen, Geräten usw. zulassen, in der Entwicklung, Forschung und Praxis eine große Rolle.
Einen Idealfall würden Korrosionsprüfungen unter denselben atmosphärischen und anderen Einflußbedingungen, denen die Erzeugnisse während des späteren Gebrauchs ausgesetzt sind, darstellen. Da solche Prüfungen in der Atmosphäre oder unter Einsatzbedingungen oft jahrelange Versuchszeiten benötigen, wurden Kurzkorrosionsprüfungen entwickelt, die schon nach we=nigen Tagen oder Stunden Rückschlüsse auf das Korrosionsver=halten von galvanisch behandelten Teilen zulassen.
Bei den Kurzkorrosionsprüfungen läßt man unter speziellen Bedingungen bestimmte Korrosionsmedien oder schädigende Ein=flüsse, die beim Gebrauch nur zeitweise auftreten, dauernd auf die zu prüfenden Gegenstände einwirken. Gegenüber der langdauernden Freibewitterung wird dadurch eine schnelle Voraussage über die Haltbarkeit oder die Schutzwirkung eines galvanischen Überzuges, eines Gerätes, Bauelementes usw. möglich.
Ein Nachteil der Kurzkorrosionsprüfungen besteht darin, daß sie jeweils nur eine Art der Korrosionsbeanspruchung simulie=ren. Man kann zwar manche Faktoren wie z.B. Temperatur, Feuch=tigkeit, Verunreinigungen der Atmosphäre erfassen, aber nicht deren tageszeitlichen oder jahreszeitlichen Schwankungen, die eine Freibewitterung berücksichtigen würde(26). Daher ist es fast unmöglich, alle Einflüsse der atmosphärischen Beanspruchung an einem Ort oder in einer bestimmten Klimaregion im Labor zu reproduzieren. Im Geräteinnenklima spielen die abwechselnde Erwärmung und Abkühlung, Trocknung und Betauung, Einwirkung von agressiven Gasen und Dämpfen aus Kunststoffen eine viel=schichtige, voneinander abhängige und sich gegenseitig beein=flussende Rolle (27).
Die geeignete Methode für die Kurzkorrosionsprüfung muß sehr sorgfältig ausgewählt werden, damit alle den Korrosionsverlauf und die Prüfergebnisse möglicherweise beeinflussenden Faktoren gleichzeitig berücksichtigt werden und das in der Praxis auf=tretende Bild der Korrosion auch im zeitgerafften Versuch er=halten bleibt.
Eine ausführliche Beschreibung der Einflußgrößen bei der Kor=rosionsprüfung, eine methodische Einteilung und umfassende Darstellung der Korrosionsverfahren findet sich bei Biestek, Sekowski(28).

4.1 CASS DIN 50 021

Bei dieser Kurzkorrosionsprüfung handelt es sich um eine Kupferchlorid - Essigsäure - Salzsprühnebelprüfung (Copper - accelerated acetic acid - salt spray test).

Salzsprühnebelprüfungen in der ursprünglichen Form mit reiner Kochsalzlösung als Prüfflüssigkeit werden nur noch verhältnismäßig wenig verwendet, da die Vergleichbarkeit der in verschiedenen Geräten erhaltenen Ergebnisse oft nicht gewährleistet ist. Die Salzsprühnebelprüfung CASS DIN 50 021 ergibt im allgemeinen eine ausreichende Übereinstimmung mit den Ergebnissen der Freibewitterung und wurde von General-Motors mit dem Ziel einer rascheren Feststellung des Korrosionsschutzwertes und einer besseren Nachbildung des Verhaltens unter Einsatzbedingungen entwickelt. Durch den Kupferchloridzusatz wird der Angriff stark beschleunigt gegenüber der ursprünglichen Salzsprühnebelprüfung mit nur 5 %-iger Kochsalzlösung.

Die angreifenden Mittel (Prüflösungen) werden bei den Sprühnebelprüfungen mit Hilfe von Druckluft für eine bestimmte Prüfdauer kontinuierlich versprüht. Nach der Sprühnebelprüfung kann man aus der Anzahl der Stellen, an denen das Grundmetall korrodiert worden ist, auf die Korrosionsschutzwirkung des galvanischen Überzuges schließen.

Die Prüfung CASS DIN 50 021 wurde in allen Punkten genau nach der neuesten Norm (Ausgabe Mai 1975) durchgeführt.
Die Prüflösung war eine 5 %-ige Natriumchloridlösung und wurde durch Auflösen von 50g ± 10g Natriumchlorid (DAB 7) zu 1 Liter Lösung bei Raumtemperatur hergestellt. Dieser Natriumchloridlösung gab man zunächst je Liter 0,26g ± 0,02g Kupfer-(II)-chlorid, ($CuCl_2 \cdot 2H_2O$), mit dem Reinheitsgrad zur Analyse zu, worauf der pH-Wert mit Essigsäure so eingestellt wurde, daß sowohl die zu versprühende Lösung als auch der aufgefangene Sprühnebel einen pH-Wert von 3,1 bis 3,3 bei (25 ± 2) °C hatten. Die Messung des pH-Wertes erfolgte elektrometrisch unter Benutzung einer Glaselektrode.

Die Prüfeinrichtungen wie Prüfkammer, Sprühdüsen, Druckluftzuleitung mit Öl- und Feststoffabscheider, sowie Luftbefeuchter, Gestell usw. entsprachen ebenfalls der DIN 50 021.
Zum Einsatz kam das normgerechte Korrosionsprüfgerät 351/II mit einem Volumen von 1000 Litern.
Bild 20 zeigt dieses Korrosionsprüfgerät mit Temperiermantel, welches für die Versuche CASS DIN 50 021 des hier beschriebenen Vorhabens verwendet wurde, (Temperatur in der Prüfkammer (50 ± 2) °C). Rechts im Bild das Steuer- und Regelgerät.
Da der Temperiermantel den Blick in das Innere der Prüfkammer verdeckt, ist auf Bild 21 dasselbe Korrosionsprüfgerät ohne Temperiermantel zu sehen (Werkfoto), wie es für die Prüfungen SS DIN 50 021 (Salzsprühnebelprüfung) und ESS DIN 50 021 (Essigsäure-Salzsprühnebelprüfung) verwendet wird, (Temperatur in der Prüfkammer (35 ± 2) °C).
Die zur Sprühnebelerzeugung benutzte Druckluft mit einem Überdruck von 1 bar wurde durch normale Öl- und Flüssigkeitsabscheider und durch ein keramisches Druckfilter gereinigt.

Anschließend wurde die gereinigte Druckluft in einem mit voll= entsalztem Wasser betriebenen Luftbefeuchter bei 70 °C (expe= rimenteller Wert) mit Wasser gesättigt, so daß sie nach dem Entspannen eine Temperatur von 50 °C annahm.

4.1.1 Durchführung der Prüfung

Zu Beginn jeder Prüfung wurden die Probebleche durch Abreiben mit einem in reinem säurefreien Trichloräthylen getränkten Lappen gereinigt, um eine vollkommene Benetzung zu gewähr= leisten.
Während der Prüfung erfolgte laufend eine genaue Kontrolle der in DIN 50 021 festgelegten Bedingungen.
Die Prüftemperatur lag immer in den Grenzen von (50 $\pm$ 2) °C, die Menge der in der Zeiteinheit in der Prüfkammer zu ver= sprühenden Prüflösung wurde so eingestellt, daß sich in einem auf dem Boden der Prüfkammer stehenden Auffanggefäß mit einer horizontalen Auffangfläche von etwa 80 cm^2 1,5 ml/h $\pm$ 0,5 ml/h der versprühten Lösung als Mittelwert über eine Zeitspanne von mindestens 16 Stunden ansammelten.
Die Analysenwerte des aufgefangenen Sprühnebels lagen ebenso wie die der Prüflösung bezüglich des Natriumchloridgehaltes in den vorgeschriebenen Grenzen von 50 g/l $\pm$ 10 g/l.
Um die volle Funktionsfähigkeit des Korrosionsprüfgerätes für die gesamte Prüfzeit zu gewährleisten, wurde vor jeder Prü= fung ein Probelauf durchgeführt und besonders darauf geach= tet, daß Düsen oder Leitungen nicht durch auskristallisieren= des Salz verstopft waren, was zu einem Druckanstieg und auch zum Platzen der Leitungen hätte führen können.

Durch Vorversuche wurde die Zeit für die Korrosionsprüfung ermittelt, die bei 10 μm Schichtdicke im Durchschnitt keine zu starke und keine zu schwache, sondern eine gut zu beurtei= lende und differenzierte Korrosion hervorrief.

Diese Zeit betrug <u>16 Stunden.</u>

Wie in DIN 50 021 vorgeschrieben, erfolgte die Anordnung der Probebleche in der Prüfkammer auf den Gestellen in der Weise, daß sie sich gegenseitig nicht berührten, ihre wesentlichen Flächen um etwa 68° gegenüber der Horizontalen geneigt waren und keine Tropfen von einem Blech auf das andere fielen. Deshalb konnten sich bei einer Prüfung nur 48 Probebleche gleichzeitig in der Prüfkammer befinden.

4.1.2 Auswertung der Prüfung

Aus der Vielzahl der verschiedenen Methoden zur Korrosions= beurteilung wurde die in DIN 50 980 (Januar 1975) beschrie= bene <u>Auswertung von Korrosionsprüfungen</u> ausgewählt.
Diese Norm lehnt sich an internationale Gepflogenheiten und an die ISO-Empfehlung R 1462 an und wird auch in der DIN 50 968 (April 1976): Nickelüberzüge auf Stahl und Kupfer= werkstoffen sowie Kupfer-Nickel-Überzüge auf Stahl für die Auswertung der Korrosionsprüfungen vorgeschrieben.
Mittels eines Netzes in quadratischer Teilung wird die Anzahl (n) der Quadrate gezählt, in denen Korrosionsprodukte auf= treten. Diese Anzahl n wird durch die Gesamtzahl N der die wesentliche Stelle bedeckenden Quadrate dividiert.

Aus dem mit 100 multiplizierten Quotienten n/N (der Häufigkeit) erhält man die Bewertungszahl.

Die Beurteilung der Probebleche erfolgte unmittelbar nach Beendigung der Korrosionsbeanspruchung mit unbewaffnetem Auge im Leseabstand. Die lose anhaftenden Korrosionsprodukte und Korrosionsmittelreste wurden durch Spülen mit fließendem Wasser und durch vorsichtiges Abwischen mit einem weichen Lappen entfernt.
Als Fehlstellen kamen nur solche zur Auszählung, an denen der Überzug bis zum Grundwerkstoff durchdrungen worden ist und an denen Korrosionsprodukte des Grundwerkstoffes erkennbar waren, d.h. maßgebend für die Bewertung der Probebleche war die Korrosion des Grundwerkstoffes.
Verfärbungen des Überzuges oder Überzugsschäden, die nicht bis zum Grundwerkstoff durchgingen, wurden nicht berücksichtigt.

Die bei den hier beschriebenen Versuchen zur Auswertung herangezogene wesentliche Stelle betrug $5625\ mm^2$.
Der Bereich dieser wesentlichen Stelle wurde für die Auszählung in Quadrate mit einer Seitenlänge von 5 mm unterteilt. Dies geschah mit Hilfe eines Netzes auf einer transparenten Folie aus Kunststoff, die über die auszuwertende wesentliche Stelle gelegt wurde.

Die Summe aller Quadrate, die die wesentliche Stelle bedecken, ist N.
Entsprechend der Fläche der wesentlichen Stelle von $5625\ mm^2$ beträgt in unserem Fall $N = 225$

Zur Ermittlung von n wurden die Quadrate gezählt, die eine oder mehrere Fehlstellen enthielten. Fehlstellen, die sich über mehr als ein Quadrat ausdehnten, wurden jeweils nur einmal gezählt. Bei Rissen, die sich über mehr als ein Quadrat erstreckten, wurde jedes vom Riß durchlaufene Quadrat gezählt.

Aus der Beziehung $\frac{n}{N} \times 100$ ergibt sich die Häufigkeit des Auftretens der Korrosionsprodukte auf der ausgewerteten Fläche.

Die Bewertungszahl wird folgender Tabelle aus DIN 50 980 entnommen :

Häufigkeit $\frac{n}{N} \times 100$				Bewertungszahl	
	0			10	←(keine Korrosionsprodukte)
über	0	bis	0,25	9	
über	0,25	bis	0,5	8	
über	0,5	bis	1	7	
über	1	bis	2	6	
über	2	bis	4	5	
über	4	bis	8	4	
über	8	bis	16	3	
über	16	bis	32	2	
über	32	bis	64	1	
über	64			0	

Die Auszählung der Quadrate mit Fehlstellen wurde wegen der schwierigen Beurteilung der unterschiedlichen Korrosionser= scheinungen, (vor allem dem Aussehen und der Größe der Fehl= stellen) mindestens zweifach und in Zweifelsfällen von zwei Personen unabhängig voneinander durchgeführt, um zu sicheren und reproduzierbaren Ergebnissen zu kommen.

4.2 Corrodkote - Verfahren

Bei der im folgenden mit Corrodkote-Verfahren bezeichneten Korrosionsprüfung handelt es sich immer um das

modifizierte Corrodkote - Verfahren

nach DIN 50 958 (Ausgabe Februar 1970).

Das in dieser Norm für das modifizierte Corrodkote-Verfahren vorgeschriebene Klima ist durch eine Temperatur von (40 ± 3) °C und eine relative Luftfeuchte von 100 % gekenn= zeichnet, ist leichter einzuhalten als das in der ASTM B 380-61 T angegebene Klima und entspricht den in Deutschland bisher in der Praxis angewendeten Bedingungen.

In der DIN 50 968 (April 1976, Nickelüberzüge auf Stahl und Kupferwerkstoffen sowie Kupfer-Nickel-Überzüge auf Stahl) heißt es, daß die Corrodkote-Prüfung nur bei unterkupferten Stahlteilen durchgeführt werden darf. Bei den in dieser Norm festgelegten zwei Beanspruchungsstufen,
(Beanspruchungsstufe 1 : Innenräume ohne Betauung und
Beanspruchungsstufe 2 : Innen- oder Außenräume mit seltener, leichter Betauung),
und der maximalen Schichtdicke von 8 µm ist davon auszugehen, daß solche dünnen Nickelschichten vor allem auf relativ rauhem Grundmaterial stets porös sind(13).

Auch bei den aus Hochleistungsbädern mit guter Einebnung ab= geschiedenen Nickelschichten von 10 µm Dicke auf den nur ge= ringfügig rauhen Probeblechen ist eine gewisse Porosität nicht ganz auszuschließen. Trotzdem wurde die für den CASS-Test verwendete Schichtdicke von 10 µm Nickel auf Stahl auch für das Corrodkote-Verfahren beibehalten, um einen Vergleich beider Korrosionsprüfverfahren unter völlig gleichen Bedin= gungen zu ermöglichen.
Der Vorteil einer Unterkupferung wird oft in Zweifel gezogen oder nur unter einem schwefelhaltigen Nickelüberzug als günstiger erachtet(29). In der Literatur werden auch unter= schiedliche Angaben über die Erhöhung der Schutzwirkung von Glanznickelüberzügen durch eine nachfolgende Verchromung gemacht. So hat sich bei Versuchen im Seeklima und im Industrieklima z.B. die Schutzwirkung polierter Mattnickel= überzüge mit nachfolgender Verchromung erhöht, während einige Glanznickelüberzüge durch diese Verchromung mit gleicher Schichtdicke ein Nachlassen der Schutzwirkung zeigten(17). Trotz dieser komplizierten und teilweise noch nicht restlos geklärten Verhältnisse bei der Korrosion von Mehrschicht= systemen hat sich doch in den vergangenen Jahren die Überzeu= gung durchgesetzt, daß erst eine sinnvolle Kombination von Kupfer-, Nickel- und Chromüberzügen ein Höchstmaß an Korro= sionsschutz garantiert.

Bei den hier beschriebenen Untersuchungen wurde aber bewußt auf eine Unterkupferung und auf eine nachfolgende Verchromung der Nickelschichten verzichtet, weil es auf die Auswirkungen der verschiedenen Glanzzusätze auf die Korrosionsbeständig= keit der Nickelschichten selbst ankam und nicht auf die Kor= rosionsbeständigkeit komplexer Mehrschichtsysteme.
Nur so war ein echter Vergleich der Glanzzusätze untereinan= der und ein Vergleich zwischen den beiden Korrosionsprüfver= fahren Cass und Corrodkote möglich.

Nickelüberzüge auf Stahl mit Schichtdicken um 10 μm herum ohne nachfolgende Verchromung werden in großem Umfang als Korrosionsschutz für Werkstücke, Bauelemente, Fertigteile und Anlagen vornehmlich der Feinwerk- oder Nachrichtentech= nik und der Elektro- und Haushaltgeräteindustrie aufgebracht.

4.2.1 Durchführung der Prüfung

Wie beim Cass-Test wurden die Probebleche auch hier durch Ab= reiben mit einem in reinem säurefreien Trichloräthylen ge= tränkten Lappen gereinigt, um eine vollkommene Benetzung zu gewährleisten. Die Herstellung des anschließend aufgetrage= nen pastenförmigen Angriffsmittels geschah folgendermaßen :

1,00 g	Eisen-(III)-chlorid,	$FeCl_3 \cdot 6\,H_2O$,	
0,20 g	Kupfernitrat,	$Cu(NO_3)_2 \cdot 3\,H_2O$	und
6,00 g	Ammoniumchlorid,	NH_4Cl	

wurden in 50 ml destilliertem Wasser gelöst. Dazu gab man 180 g Kaolin und 150 ml Wasser und verrührte die Mischung gut unter langsamer weiterer Zugabe von 100 ml Wasser mit einem Glasstab, bis eine streichbare Paste entstanden war. Die Schichtdicke der mit einem weichen Pinsel aufgetragenen Paste betrug im Mittel 50 μm und wurde mit einem Naßfilm= schichtdickenmesser (nach ASTM D 1212-54) laufend überprüft.

Nach einer einstündigen Lagerung mit aufgetragener Paste bei Raumtemperatur in trockener Luft kamen die Probebleche in waagerechter Lage in den Klimaraum.
Durch Vorversuche war auch hier die Zeit ermittelt worden, welche bei der Schichtdicke von 10 μm im Durchschnitt keine zu starke und keine zu schwache Korrosion hervorrief.
Abweichend von den in DIN 50 958 für das modifizierte Corrod= kote-Verfahren gemachten Angaben, die sonst genauestens ein= gehalten wurden, betrug die

Dauer der Lagerung im Klimaraum 3 Stunden.

(Zwar sind in der DIN 50 958 (Korrosionsprüfung von verchrom= ten Gegenständen, Corrodkote-Verfahren und modifiziertes Corrodkote-Verfahren) 16 Stunden als Prüfdauer angegeben, doch schreibt die DIN 50 968 (für Nickelüberzüge auf Stahl) bei der Beanspruchungsstufe 1 ebenfalls nur 3 Stunden vor).

Als Klimagerät, in dessen Klimaraum eine Temperatur von (40 ± 3) °C und eine relative Luftfeuchte von 100 % ent= sprechend dem Schwitzwasser-Konstantklima SK DIN 50 017 ein= gestellt und aufrechterhalten werden konnte, kam ein Korro= sionsprüfgerät mit einem Rauminhalt von 300 Litern, welches den in DIN 50 017/50 018 beschriebenen Geräten entspricht, zur Anwendung (siehe Bild 22).

Bei einer Prüfung wurde jeweils nur eine solche Anzahl von Blechen mit Paste bestrichen und geprüft, die im Klimaraum Platz hatte, ohne daß die zu prüfenden, mit Paste bestriche= nen Bleche das Probengestell, die Wände des Klimaraumes oder andere Probestücke berührten. Die Anzahl der beim Corrodkote-Verfahren gleichzeitig geprüften Probebleche betrug 24.
Es wurde auch auf eine Lagerung im Klimaraum geachtet, bei der die Korrosionsprodukte der höher liegenden Teile nicht auf die tiefer liegenden tropfen konnten.

(Den Ergebnissen der von Schattauer(30) durchgeführten Unter= suchungen, daß nämlich mit zunehmendem Gehalt an Härtebild= nern des Wassers beim Corrodkote-Test der Korrosionsschutzwert abnehme, wurde insofern Rechnung getragen, als auch zum An= satz der Nickelbäder nur destilliertes Wasser zum Einsatz kam).

4.2.2 Auswertung der Prüfung

Die Untersuchung auf Korrosionsstellen erfolgte nach demselben Auswertungsverfahren DIN 50 980 wie beim Cass-Test (siehe 4.1.2 auf Seite 23) mit dem einzigen Unterschied, daß einmal unmittelbar nach der Behandlung im Klimaraum die Probebleche ohne Abwaschen der Paste begutachtet wurden

= Auswertung mit Paste ,

und dieselben Bleche nach Abwaschen der Paste unter kaltem fließenden Wasser mit Hilfe eines weichen Lappens nochmals auf Korrosionsstellen untersucht wurden

= Auswertung ohne Paste.

Wie beim Cass-Test wurden auch hier nur die Korrosionsstellen gezählt, an denen das Grundmetall korrodiert worden war, d.h. nur echte Rostpünktchen, jedoch nicht die manchmal vorhan= denen schwach gefärbten Ringe um diese Punkte herum.

5. Versuchsergebnisse

Für alle zweiundzwanzig Glanzzusätze und Glanzzusatzkombina= tionen bei den verschiedenen Konzentrationen und bei den verschiedenen Stromdichten sind sämtliche Versuchsergebnisse nach Cass DIN 50 021 und nach dem Corrodkote-Verfahren in den im Anhang befindlichen Tabellen und Diagrammen in allen Einzel= heiten aufgeführt. Es können dort für jeden Einzelfall entnommen werden
die Glanzwerte,
die Anzahl der Quadrate mit Fehlstellen,
die Häufigkeiten und
die Bewertungszahlen.
Beim Corrodkote-Verfahren wurde sowohl die Bewertung ohne Paste als auch die Bewertung mit Paste berücksichtigt.

Außerdem sind aus den Tabellen die genauen Angaben in g/l für die der Kürze halber in den Diagrammen mit 1, 2 und 3 bezeich= neten Konzentrationen zu entnehmen.
Wesentliche Ergebnisse und Zusammenhänge werden zusätzlich in den folgenden Abschnitten zusammengestellt.

5.1 Glanz

Die in den Tabellen enthaltenen Glanzwerte sollen in Abhängig= keit von den Konzentrationen des Glanzzusatzes, in Abhängig= keit von den drei Stromdichten und in Abhängigkeit vom Glanz= zusatz selbst zuerst gegenübergestellt werden, weil sie so= wohl für den Cass-Test als auch für das Corrodkote-Verfahren von Bedeutung sind.

5.1.1 Glanz in Abhängigkeit von der Konzentration (Bilder 1a, 1b, 2a, 2b, 3a, 3b)

Im allgemeinen ist bei allen drei Stromdichten (1A/dm^2, 2A/dm^2, 3A/dm^2) mit steigender Glanzzusatzkonzentration auch ein Ansteigen des Glanzes zu beobachten. Der Glanz ist fast über= all bei den Glanzzusatzkombinationen höher als bei den ein= fachen Glanzzusätzen.
Unter Berücksichtigung der für die ohne Glanzzusatz (Konzen= tration 0) vernickelten Bleche ermittelten Standardabwei= chung von ca. 3,0 (siehe Seite 32) fallen die Ergebnisse bei folgenden Glanzzusätzen geringfügig aus dem Rahmen insofern, als der Glanz mit steigender Glanzzusatzkonzentration etwas abfällt :

<u>1 A/dm^2</u>	A	Benzolsulfonamid	Konzentration 3
	D	o-Benzaldehydsulfon= säure, Natriumsalz	Konzentration 2
	E	Benzol-1,3-disulfon= säure, Dinatriumsalz	Konzentration 2 und 3
	F	Naphthalintrisulfon= säure, Trinatriumsalz	Konzentration 2 und 3
	G	Thioharnstoff	Konzentration 3
	K	3-Hexin-2,5-diol	Konzentration 3

1 A/dm²	M	Benzolsulfonamid + 3-Butin-2-ol	Konzentration 2 und 3
	O	Benzolsulfonamid + 3-Hexin-2,5-diol	Konzentration 3
	W	Naphthalintrisulfon= säure(Trinatriumsalz) + 2-Butin-1,4-diol	Konzentration 2
2 A/dm²	A	Benzolsulfonamid	Konzentration 3
	E	Benzol-1,3-disulfon= säure, Dinatriumsalz	Konzentration 1
	G	Thioharnstoff	Konzentration 3
	M	Benzolsulfonamid + 3-Butin-2-ol	Konzentration 3
	O	Benzolsulfonamid + 3-Hexin-2,5-diol	Konzentration 2 und 3
	P	Saccharin + 3-Butin-2-ol	Konzentration 2
	W	Naphthalintrisulfon= säure(Trinatriumsalz) + 2-Butin-1,4-diol	Konzentration 2 und 3
8 A/dm²	A	Benzolsulfonamid	Konzentration 3
	G	Thioharnstoff	Konzentration 3
	M	Benzolsulfonamid + 3-Butin-2-ol	Konzentration 2 und 3
	O	Benzolsulfonamid + 3-Hexin-2,5-diol	Konzentration 2 und 3
	W	Naphthalintrisulfon= säure(Trinatriumsalz) + 2-Butin-1,4-diol	Konzentration 3

5.1.2 Glanz in Abhängigkeit von der Stromdichte (Bilder 4a, 4b)

Wie aus den Bildern ersichtlich ist, hat die Änderung der Stromdichte bei jeweils konstanter Konzentration an Glanz= zusatz keinen so großen Einfluß auf den Glanz wie die Kon= zentrationsänderung des Glanzzusatzes bei konstanter Strom= dichte.

Von wenigen Ausnahmen abgesehen nimmt der Glanz mit steigender Stromdichte geringfügig ab.

Ausnahmen sind bei allen Konzentrationen die Ergebnisse mit den Glanzzusätzen

B	p-Toluolsulfonamid	Stromdichte 1 A/dm²
E	Benzol-1,3-disulfon= säure,Dinatriumsalz	Stromdichte 2 A/dm² und 8 A/dm²
L	Cumarin	Stromdichte 2 A/dm² und 8 A/dm²
Q	Saccharin + 2-Butin-1,4-diol(1:1)	Stromdichte 1 A/dm²
S	Saccharin + 2-Butin-1,4-diol(2:1)	Stromdichte 1 A/dm²

Im großen und ganzen sind die Abweichungen sehr gering.

5.1.3 Glanz in Abhängigkeit vom Glanzzusatz (Bilder 1a bis 4b)

Mit Ausnahme des Glanzzusatzes K (Hexindiol) wird ein Glanz von über 80 % nur von den Glanzzusatzkombinationen erzielt.

Im einzelnen weisen einen Glanz von 80 % und darüber auf

		bei $1A/dm^2$	$2A/dm^2$	$8A/dm^2$
N	Benzolsulfonamid + 2-Butin-1,4-diol			
	(Konzentration 3)	88%	87%	--
	(Konzentration 2)	--	82%	--
R	Saccharin + 2-Butin-1,4-diol (1:2)			
	(Konzentration 3)	84%	82%	85%
	(Konzentration 2)	83%	81%	81%
	(Konzentration 1)	--	81%	83%
U	Saccharin + 3-Hexin-2,5-diol			
	Konzentration 3	82%	--	--
	Konzentration 2	84%	--	82%
V	o-Benzaldehydsulfon=säure (Na-salz) + 2-Butin-1,4-diol			
	Konzentration 3	84%	84%	86%
	Konzentration 2	80%	82%	85%
	Konzentration 1	81%	--	84%
K	3-Hexin-2,5-diol			
	Konzentration 3		80%	
	Konzentration 2	83%	82%	80%
	Konzentration 1	--	--	--
M	Benzolsulfonamid + 3-Butin-2-ol			
	Konzentration 1	--	--	80%
P	Saccharin + 3-Butin-2-ol			
	Konzentration 1	80%	--	--
Q	Saccharin + 2-Butin-1,4-diol (1:1)			
	Konzentration 3			80%
	Konzentration 2	--	80%	--
S	Saccharin + 2-Butin-1,4-diol (2:1)			
	Konzentration 3	--	80%	82%
T	Saccharin + 2-Butin-1,4-diol (5:4)			
	Konzentration 2	80%	--	83%

Zwischen 70 % und 79 % liegen noch

		bei 1A/dm²	2A/dm²	8A/dm²
N	Benzolsulfonamid + 2-Butin-1,4-diol			
	Konzentration 3	--	--	78%
	Konzentration 2	78%	--	--
U	Saccharin + 3-Hexin-2,5-diol			
	Konzentration 3	--	--	75%
	Konzentration 2	--	73%	--
	Konzentration 1	78%	70%	--
P	Saccharin + 3-Butin-2-ol			
	Konzentration 3	75%	--	--
	Konzentration 2	78%	--	--
	Konzentration 1	--	75%	--
Q	Saccharin + 2-Butin-1,4-diol (1:1)			
	Konzentration 3	70%	78%	--
	Konzentration 2	--	--	70%
	Konzentration 1	--	77%	73%
T	Saccharin + 2-Butin-1,4-diol (5:4)			
	Konzentration 3	77%	79%	76%
	Konzentration 2	--	77%	--
	Konzentration 1	74%	75%	74%
R	Saccharin + 2-Butin-1,4-diol (1:2)			
	Konzentration 1	78%	--	--
S	Saccharin + 2-Butin-1,4-diol (2:1)			
	Konzentration 3	72%	--	--
	Konzentration 2	--	77%	76%
	Konzentration 1	--	73%	76%
W	Naphthalintrisulfonsäure (Trinatriumsalz) + 2-Butin-1,4-diol			
	Konzentration 3	73%	--	--
	Konzentration 1	75%	77%	--
M	Benzolsulfonamid + 3-Butin-2-ol			
	Konzentration 2	--	73%	--
	Konzentration 1	77%	--	--
K	3-Hexin-2,5-diol			
	Konzentration 3	--	--	76%
	Konzentration 1	72%	74%	--
O	Benzolsulfonamid + 3-Hexin-2,5-diol			
	Konzentration 2	71%	--	--
	Konzentration 1	76%	--	--

Zwischen 70 % und 79 % liegen noch

	bei 1A/dm^2	2A/dm^2	8A/dm^2
H 3-Butin-2-ol Konzentration 3	75%	--	--
V o-Benzaldehydsulfon= säure (Na-salz) + 2-Butin-1,4-diol Konzentration 1	--	74%	--
G Thioharnstoff Konzentration 2	--	--	72%

Die den einzelnen Glanzzusätzen zugehörigen Werte für den Glanz unter 70 % bei den verschiedenen Konzentrationen und Strom= dichten können den Tabellen und Diagrammen entnommen werden.

Wenn auch die sich an der Kathode abspielenden Polarisations= erscheinungen und Kristallisationsvorgänge in Verbindung mit den chemischen Reaktionen der Glanzzusätze außerordentlich kompliziert sind, und sich aus der chemischen Konstitution eines Glanzzusatzes nur selten seine volle Auswirkung auf den Glanz des Nickelüberzuges voraussagen läßt, so können doch die bei verschiedenen Konzentrationen und Stromdichten experi= mentell ermittelten Werte die Auswahl von Glanzzusätzen für den jeweiligen Verwendungszweck sehr erleichtern.

Wie am Beispiel der Glanzzusatzkombination Saccharin + 2-Butin-1,4-diol zu sehen ist, spielt das Mischungsverhältnis der einzelnen Glanzzusätze für den Glanzwert eine bedeutende Rolle. So wurde festgestellt, daß der höchste Glanz bei einem Mischungsverhältnis Saccharin : 2-Butin-1,4-diol = 1 : 2 zustande kam.

5.1.4 Standardabweichung

Um die maximale Streuung der Ergebnisse der Glanzmessungen zu überprüfen, wurden bei jeder Glanzzusatzversuchsserie und bei jeder Stromdichte auch Bleche ohne Glanzzusatz (Konzentration 0) vernickelt.
Die gemessenen Werte für den Glanzgrad der ohne Glanzzusatz vernickelten Bleche liegen bei

	1A/dm^2	2A/dm^2	8A/dm^2
in einem Bereich von	2 - 10%	8 - 18%	9 - 20%
Durchschnitt	6,0%	13,46%	13,55%
Standardabweichung	2,9%	3,2%	3,0%
(berücksichtigt wurden je 22 Werte	A.1.0 bis W.1.0	A.2.0 bis W.2.0	A.3.0 bis W.3.0)

5.2 CASS DIN 50 021

5.2.1 Quadrate mit Fehlstellen in Abhängigkeit von der Konzentration

(Bilder 5a, 5b, 6a, 6b, 7a, 7b)

Um einen besseren Überblick zu ermöglichen, sollen hier aus den Diagrammen zuerst bei jeder Stromdichte und bei jeder Konzentration die jeweils drei besten und jeweils drei schlech=testen Einzelergebnisse mit Kennbuchstaben und Anzahl der Quadrate mit Fehlstellen herausgezogen und aufgeführt werden. Es folgen die sich aus den Diagrammen bei einer Stromdichte insgesamt über alle drei Konzentrationen ergebenden drei besten und drei schlechtesten Glanzzusätze, (in Klammern hin=ter dem Kennbuchstaben die Summe der Quadrate mit Fehlstellen aller drei Konzentrationen des Glanzzusatzes bei der jeweils angegebenen Stromdichte). Die insgesamt drei besten und drei schlechtesten Glanzzusätze müssen nicht immer auch in der Auf=stellung der Einzelergebnisse erscheinen, da z.B. eine gleich=mäßig niedrige Anzahl von Fehlstellen über alle Konzentratio=nen zwar die niedrigste Gesamtzahl an Fehlstellen, d.h. den besten Gesamteindruck ergeben kann, aber keine einzelne Kon=zentration sich unter den drei niedrigsten Einzelergebnissen befinden muß.

<u>$1 A/dm^2$</u>

(Bilder 5a und 5b)	Konzentration 1	Konzentration 2	Konzentration 3
	K 31	V 16	W 40
	A 33	H 38	F 51
	L 35	A 39	L 60
	.	.	.
	G 195	U 122	J 198
	W 197	N 136	N 209
	V 203	G 208	G 210

Die insgesamt drei besten Glanzzusätze sind :

Cumarin	L (144),
3-Hexin-2,5-diol	K (151),
Naphthalintrisulfonsäure-(Trinatriumsalz)	F (169),

die insgesamt drei schlechtesten Glanzzusätze :

Thioharnstoff	G (613),
Benzolsulfonamid + 2-Butin-(1,4)-diol	N (417) und
Saccharin + 3-Hexin-2,5-diol	U (366).

<u>$2 A/dm^2$</u>

(Bilder 6a und 6b)	Konzentration 1	Konzentration 2	Konzentration 3
	K/L 28	V 14	F 22
	N 30	L 31	B 23
	O 42	F 32	H 34
	.	.	.
	S 149	E 164	E 131
	V 155	S 192	J 180
	G 178	G 207	G 220

Als die drei besten Glanzzusätze über alle drei Konzentra= tionen ergeben sich auch hier :

Naphthalintrisulfonsäure-(Trinatriumsalz)	F (109),
3-Hexin-2,5-diol	K (114) und
Cumarin	L (115),

als die drei schlechtesten Glanzzusätze über alle drei Konzen= trationen :

Thioharnstoff	G (605),
Saccharin + 2-Butin-(1,4)-diol (2:1)	S (431) und
Benzol-1,3-disulfonsäure (Dinatriumsalz)	E (380).

<u>8A/dm²</u>

(Bilder 7a und 7b)	Konzentration 1	Konzentration 2	Konzentration 3
	Q 33	N 26	A 16
	F 38	F 29	F 19
	L 44	J 43	N 30
	.	.	.
	E 125	C 111	J 139
	H 150	K 160	K 170
	G 215	G 220	G 224

Die drei besten Glanzzusätze über alle drei Konzentrationen :

Naphthalintrisulfonsäure-(Trinatriumsalz)	F (86),
Benzolsulfonamid + 2-Butin-(1,4)-diol	N (121) und
Naphthalintrisulfonsäure-(Trinatriumsalz) + 2-Butin-(1,4)-diol	W (145),

die drei schlechtesten Glanzzusätze über alle drei Konzentra= tionen :

Thioharnstoff	G (659),
3-Hexin-2,5-diol	K (398) und
Benzol-1,3-disulfonsäure (Dinatriumsalz)	E (285).

Allgemein läßt sich aus den Diagrammen 5a bis 7b, am stärksten jedoch beim Vergleich der Diagramme 7a und 7b erkennen, daß in der Mehrzahl der Fälle die Glanzzusatzkombinationen eine geringere Anzahl von Quadraten mit Fehlstellen aufweisen, d.h. eine geringere Korrosion des Nickelüberzuges bewirken als die jeweiligen Glanzzusätze für sich allein.

Auch zeigen in den folgenden Fällen die glanzvernickelten Probebleche weniger Fehlstellen als die ohne Glanzzusatz mattvernickelten Probebleche, bzw. annähernd die gleiche Anzahl von Fehlstellen wie die mattvernickelten Bleche :

Glanzzusatz	Stromdichte	Konzentration
A, Benzolsulfonamid	1 A/dm^2	1
	2 A/dm^2	3
	8 A/dm^2	3
B, p-Toluolsulfonamid	1 A/dm^2	2
	2 A/dm^2	3
F, Naphthalintrisulfonsäure, Trinatriumsalz	2 A/dm^2	2 und 3
	8 A/dm^2	1, 2 und 3
H, 3-Butin-(2)-ol	1 A/dm^2	1 und 2
	2 A/dm^2	3
	8 A/dm^2	2 und 3
J, 2-Butin-(1,4)-diol	1 A/dm^2	1
	2 A/dm^2	1
	8 A/dm^2	1 und 2
K, 3-Hexin-(2,5)-diol	1 A/dm^2	1
	2 A/dm^2	1 und 2
L, Cumarin	1 A/dm^2	1 und 2
	2 A/dm^2	1 und 2
N, Benzolsulfonamid + 2-Butin-(1,4)-diol	2 A/dm^2	1
	8 A/dm^2	2 und 3
P, Saccharin + 3-Butin-2-ol	2 A/dm^2	3
Q, Saccharin + 2-Butin-(1,4)-diol (1:1)	8 A/dm^2	1
T, Saccharin + 2-Butin-(1,4)-diol (5:4)	2 A/dm^2	1
V, o-Benzaldehydsulfonsäure, Na-salz) + 2-Butin-(1,4)-diol	1 A/dm^2	2
	2 A/dm^2	2 und 3
W, Naphthalintrisulfonsäure, Trinatriumsalz + 2-Butin-(1,4)-diol	1 A/dm^2	2 und 3
	2 A/dm^2	2
	8 A/dm^2	1

Die weitverbreitete Ansicht, daß glanzvernickelte Überzüge ein schlechteres Korrosionsverhalten als Mattnickelüberzüge aufweisen sollten, wird zumindest von den eben aufgeführten Ergebnissen der Salzsprühnebelprüfung nach CASS DIN 50 021 widerlegt.

5.2.2 Quadrate mit Fehlstellen in Abhängigkeit von der Stromdichte

(Bilder 8a und 8b)

Auch hier sollen wie bei 5.2.1 zuerst bei jeder Konzentration und bei jeder Stromdichte die drei besten und drei schlechtesten Einzelergebnisse herausgezogen und aufgeführt werden und anschließend aus der Gesamtzahl der Quadrate mit Fehlstellen über alle drei Stromdichten die insgesamt bei einer Konzentration jeweils drei besten und drei schlechtesten Glanzzusätze.

Konzentration 1 — Stromdichten

$1 A/dm^2$	$2 A/dm^2$	$8 A/dm^2$
K 31	K/L 28	Q 33
A 33	N 30	F 38
L 35	O 42	L 44
.	.	.
.	.	.
.	.	.
G 195	S 149	E 125
W 197	V 155	H 150
V 203	G 178	G 215

Aus der Gesamtzahl der Quadrate mit Fehlstellen über alle drei Stromdichten ergeben sich als die insgesamt drei besten Glanzzusätze :

Cumarin L (107),

3-Hexin-2,5-diol K (127) und

2-Butin-(1,4)-diol J (136).

Die drei schlechtesten Glanzzusätze über alle drei Stromdichten sind :

Thioharnstoff G (588),

o-Benzaldehydsulfonsäure (Na-salz) + 2-Butin-(1,4)-diol V (449) und

Naphthalintrisulfonsäure (Trinatriumsalz) + 2-Butin-(1,4)-diol W (334).

Konzentration 2 — Stromdichten

$1 A/dm^2$	$2 A/dm^2$	$8 A/dm^2$
V 16	V 14	N 26
H 38	L 31	F 29
A 39	F 32	J 43
.	.	.
.	.	.
.	.	.
U 122	E 164	C 111
N 136	S 192	K 160
G 208	G 207	G 220

Bezüglich der Gesamtzahl der Quadrate mit Fehlstellen über alle drei Stromdichten (Gesamteindruck des Diagramms) ergeben sich als die drei besten Glanzzusätze bei Konzentration 2 :

o-Benzaldehydsulfonsäure (Na-salz) + 2-Butin-(1,4)-diol	V (92),
Naphthalintrisulfonsäure (Trinatriumsalz)	F (117) und
Cumarin	L (139).

Die drei schlechtesten Zusätze über alle drei Stromdichten sind :

Thioharnstoff	G (635),
Benzol-1,3-disulfonsäure, Dinatriumsalz	E (350) und
Saccharin + 2-Butin-(1,4)-diol (2:1)	S (344).

Konzentration 3 — Stromdichten

1A/dm²	2A/dm²	8A/dm²
W 40	F 22	A 16
F 51	B 23	F 19
L 60	H 34	N 30
. .	. .	. .
. .	. .	. .
. .	. .	. .
J 198	E 131	J 139
N 209	J 180	K 170
G 210	G 220	G 224

Die drei besten Glanzzusätze über alle drei Stromdichten bei Konzentration 3 sind :

Naphthalintrisulfonsäure, Trinatriumsalz	F (92),
Benzolsulfonamid	A (154) und
Naphthalintrisulfonsäure, Trinatriumsalz + 2-Butin-(1,4)-diol	W (161),

die drei schlechtesten Zusätze über alle drei Stromdichten sind :

Thioharnstoff	G (654),
2-Butin-(1,4)-diol	J (517) und
Benzol-1,3-disulfonsäure, Dinatriumsalz	E (372).

Bezüglich der Anzahl der Quadrate mit Fehlstellen aller drei Konzentrationen und aller drei Stromdichten sind nach der Salzsprühnebelprüfung CASS DIN 50 021 insgesamt die drei besten Glanzzusätze :

Naphthalintrisulfonsäure, Trinatriumsalz,	F (364),
Cumarin	L (435) und
Benzolsulfonamid	A (476),

die insgesamt drei schlechtesten Glanzzusätze :

Thioharnstoff	G (1877),	
Benzol-1,3-disulfonsäure, Dinatriumsalz,	E (1010)	und
Saccharin + 3-Hexin-2,5-diol	U (925).	

5.2.3 Standardabweichung

Auch hier wurde wie bei den Ergebnissen der Glanzmessung (siehe 5.1.4, Seite 32) die Streuung der Ergebnisse bezüglich der Anzahl der Quadrate mit Fehlstellen bei den ohne Glanz=zusatz vernickelten Probeblechen überprüft.

Die Anzahl der Quadrate mit Fehlstellen liegt			
bei	$1A/dm^2$	$2A/dm^2$	$8A/dm^2$
in einem Bereich von	39 - 58	33 - 53	34 - 58
Durchschnitt	46,32	41,60	41,82
Standardabweichung	5,34	7,2	8,1
(berücksichtigt wurden je 22 Werte	A.1.0.1 bis W.1.0.1	A.2.0.1 bis W.2.0.1	A.3.0.1 bis W.3.0.1)

Die bei jeder einzelnen Glanzzusatzversuchsserie bei jeder Stromdichte immer zusätzlich im neu angesetzten Nickelbad ohne Glanzzusatzzugabe vernickelten Probebleche wurden eben=falls allen Prüfungen der Hauptserien (hier speziell der Korrosionsprüfung) unterworfen.

Aus der Standardabweichung für die Anzahl der Quadrate mit Fehlstellen bei den mattvernickelten Probeblechen läßt sich folgern, daß auch bei den glanzvernickelten Probeblechen die Abweichung nicht größer als $\pm$ 8 sein wird.

5.2.4 Bewertungszahlen in Abhängigkeit von der Konzentration

(Bilder 14a, 14b, 15a, 15b, 16a, 16b)

Nach der Bewertungsskala der DIN 50 980 (siehe 4.1.2, Seite 24) liegen die Bewertungszahlen naturgemäß viel näher zusammen, als dies bei den Quadraten mit Fehlstellen der Fall war.
Eine Differenzierung bei über 150 Quadraten mit Fehlstellen (Häufigkeit über 64) wird bei den Bewertungszahlen nicht mehr vorgenommen. Außerdem ist zu bedenken, daß hier die höheren Zahlenwerte die bessere, die niedrigen Zahlenwerte die schlechtere Korrosionsbeständigkeit bedeuten.

Stromdichte 1 A/dm² (Bilder 14a und 14b)	Bewertungszahlen	Konzentration 1	Konzentration 2	Konzentration 3
	0	G,V,W	G	E,G,J,M, N,T
	1	B,C,D,E, M,R,S,T, U	C,D,E,M, N,Q,R,S, T,U	A,B,C,D, H,K,O,P, Q,S,U,V
	2	F,H,J,N, O,P,Q	A,B,F,H, J,K,L,O, P,W	F,L,R,W
	3	A,K,L	V	-------

Stromdichte 2 A/dm² (Bilder 15a und 15b)	Bewertungszahlen	Konzentration 1	Konzentration 2	Konzentration 3
	0	G,S,V	G,S	E,G,J
	1	A,C,D,E, P,Q,R,U, W	D,E,P,Q, R,U	N,Q,R,S, U
	2	B,F,H,J, M,O,T	A,B,C,H, J,M,N,O, T,W	C,D,K,L, M,O,P,T, V,W
	3	K,L,N	F,K,L	A,B,F,H
	4	-----	V	-------

Stromdichte 8 A/dm² (Bilder 16a und 16b)	Bewertungszahlen	Konzentration 1	Konzentration 2	Konzentration 3
	0	G,H	G,K	G,K
	1	A,B,D,E, O,R,V	B,C,D,M, R,S,U	C,D,E,J, L,M,P,Q, R,S,T,U
	2	C,F,J,K, L,M,N,P, S,T,U,W	A,E,H,J, L,O,P,Q, T,V,W	B,H,O,V, W
	3	Q	F,N	F,N
	4	-------	-------	A

5.2.5 Bewertungszahlen in Abhängigkeit von der Stromdichte

(Bilder 17a, 17b, 18a, 18b, 19a, 19b)

Konzentration

1 (Bilder 17a und 17b)	Bewertungs=zahlen	Strom=dichte 1 A/dm^2	Strom=dichte 2 A/dm^2	Strom=dichte 8 A/dm^2
	0	G,V,W	G,S,V	G,H
	1	B,C,D, E,M,R, S,T,U	A,C,D, E,P,Q, R,U,W	A,B,D, E,O,R, V
	2	F,H,J, N,O,P, Q	B,H,F, J,M,O, T	C,F,J, K,L,M, N,P,S, T,U,W
	3	A,K,L	K,L,N	Q

Konzentration

2 (Bilder 18a und 18b)	Bewertungs=zahlen	Strom=dichte 1 A/dm^2	Strom=dichte 2 A/dm^2	Strom=dichte 8 A/dm^2
	0	G	G,S,	G,K
	1	C,D,E, M,N,Q, R,S,T, U	D,E,P, Q,R,U	B,C,D, M,R,S, U
	2	A,B,F, H,J,K, L,O,P, W	A,B,C, H,J,M, N,O,T, W	A,E,H, J,L,O, P,Q,T, V,W
	3	-----	F,K,L	F,N
	4	V	V	-----

Konzentration

3 (Bilder 19a und 19b)	Bewertungs= zahlen	Strom= dichte 1 A/dm^2	Strom= dichte 2 A/dm^2	Strom= dichte 8 A/dm^2
	0	E,G,J, M,N,T	E,G,J	G,K
	1	A,B,C, D,H,K, O,P,Q, S,U,V	N,Q,R, S,U	C,D,E, J,L,M, P,Q,R, S,T,U
	2	F,L,R, W	C,D,K, L,M,O, P,T,V, W	B,H,O, V,W
	3	-----	A,B,F, H	F,N
	4	-----	-----	A

Im Gegensatz zu den Auswertungen "Quadrate mit Fehlstellen in Abhängigkeit von der Konzentration" (siehe 5.2.1) und"Quadrate mit Fehlstellen in Abhängigkeit von der Stromdichte" (siehe 5.2.2) ergeben bei den Bewertungszahlen die Auswertungen in Abhängigkeit von der Konzentration (siehe 5.2.4) und in Ab= hängigkeit von der Stromdichte (siehe 5.2.5) übereinstimmende Ergebnisse, die der folgenden Gesamtbewertung entnommen werden können.

5.2.6 Gesamtbewertung aller geprüften Glanzzusätze

Nach der Salzsprühprüfung CASS DIN 50 021 ergibt sich aus den Bewertungszahlen folgende Einstufung der 22 Glanzzusätze und Glanzzusatzkombinationen von "gut" nach "schlecht", (in Klam= mern die Summe der Bewertungszahlen) :

1. F, Naphthalintrisulfonsäure, Trinatriumsalz, (22),
2. L, Cumarin, (20),
3. A, Benzolsulfonamid, (19),
4. N, Benzolsulfonamid + 2-Butin-(1,4)-diol, (17),
5. H, 3-Butin-2-ol, (16),
   K, 3-Hexin-2,5-diol, (16),
   O, Benzolsulfonamid + 3-Hexin-2,5-diol, (16),
   V, o-Benzaldehydsulfonsäure (Na-salz) + 2-Butin-(1,4)-diol, (16),
6. B, p-Toluolsulfonamid, (15),
   W, Naphthalintrisulfonsäure, Trinatriumsalz + 2-Butin-(1,4)-diol, (15),

7. P, Saccharin + 3-Butin-2-ol, (14),
8. J, 2-Butin-(1,4)-diol, (13),
Q, Saccharin + 2-Butin-(1,4)-diol (1:1), (13),
T, Saccharin + 2-Butin-(1,4)-diol (5:4), (13),
9. C, Saccharin, (12),
M, Benzolsulfonamid + 3-Butin-2-ol, (12),
10. D, o-Benzaldehydsulfonsäure, Natriumsalz, (10),
R, Saccharin + 2-Butin-(1,4)-diol (1:2), (10),
U, Saccharin + 3-Hexin-2,5-diol, (10),
11. E, Benzol-1,3-disulfonsäure, Dinatriumsalz, (8),
S, Saccharin + 2-Butin-(1,4)-diol (2:1), (8),
12. G, Thioharnstoff, (0).

5.3 Corrodkote - Verfahren

5.3.1 Quadrate mit Fehlstellen in Abhängigkeit von der Konzentration (Bilder 9a, 9b, 10a, 10b, 11a, 11b)

<u>Stromdichte 1 A/dm^2</u> (Bilder 9a und 9b)

Konzentration 1				Konzentration 2				Konzentration 3			
ohne Paste		mit Paste		ohne Paste		mit Paste		ohne Paste		mit Paste	
O	9	A	2	B	12	A	14	U	10	A	21
H	10	N	16	N	13	N	20	N	20	U	23
A/N	12	O/S	17	S	16	U	23	A	22	N	29
.	.	.	.	.	.	.	.	.	.	.	.
.	.	.	.	.	.	.	.	.	.	.	.
.	.	.	.	.	.	.	.	.	.	.	.
E	96	E	175	G	88	W	124	B	120	E	176
V	130	B	193	U	89	U	140	Q	121	J	207
B	136	V	207	E	100	E	202	G	223	G	218

Aus der Gesamtzahl der Quadrate mit Fehlstellen über alle drei Konzentrationen ergeben sich als die drei besten Glanzzusätze:

<u>ohne Paste</u>

N (45), Benzolsulfonamid + 2-Butin-(1,4)-diol,
A (54), Benzolsulfonamid,
M (66), Benzolsulfonamid + 3-Butin-2-ol,

<u>mit Paste</u>

A (37), Benzolsulfonamid,
N (65), Benzolsulfonamid + 2-Butin-(1,4)-diol,
S (86), Saccharin + 2-Butin-(1,4)-diol (2:1).

Die drei schlechtesten Glanzzusätze über alle Konzentrationen sind

ohne Paste

G (375), Thioharnstoff,
E (300), Benzol-1,3-disulfonsäure, Dinatriumsalz,
B (268), p-Toluolsulfonamid,

mit Paste

E (553), Benzol-1,3-disulfonsäure, Dinatriumsalz,
G (435), Thioharnstoff,
V (385), o-Benzaldehydsulfonsäure (Na-salz) + 2-Butin-(1,4)-diol

Stromdichte 2 A/dm^2 (Bilder 10a und 10b)

Konzentration 1				Konzentration 2				Konzentration 3			
ohne Paste		mit Paste		ohne Paste		mit Paste		ohne Paste		mit Paste	
B	9	B	13	A	16	B	19	A	2	A/B	4
S	16	S	16	B	17	S	24	B	3	S	15
K/T	17	T	20	H/P	26	N	29	S	21	N	36
.	.	.	.	.	.	.	.	.	.	.	.
.	.	.	.	.	.	.	.	.	.	.	.
.	.	.	.	.	.	.	.	.	.	.	.
V	131	V	188	G/T	108	E	163	E	122	G	207
F	146	E/F	200	E/F	116	F	180	J	148	J	209
W	195	W	225	D	145	D	225	G	200	E	216

Aus der Gesamtzahl der Quadrate mit Fehlstellen ergeben sich als drei beste Glanzzusätze :

ohne Paste

B (29), p-Toluolsulfonamid,
A (37), Benzolsulfonamid,
S (89), Saccharin + 2-Butin-(1,4)-diol (2:1),

mit Paste

B (36), p-Toluolsulfonamid,
S (55), Saccharin + 2-Butin-(1,4)-diol (2:1),
A (87), Benzolsulfonamid

und als drei schlechteste Glanzzusätze :

ohne Paste

F (355), Naphthalintrisulfonsäure, Trinatriumsalz,
W (342), Naphthalintrisulfonsäure, Trinatriumsalz + 2-Butin-(1,4)-diol,
G (333), Thioharnstoff,

mit Paste

E (579), Benzol-1,3-disulfonsäure, Dinatriumsalz,
F (535), Naphthalintrisulfonsäure, Trinatriumsalz,
V (477), o-Benzaldehydsulfonsäure (Na-salz) + 2-Butin-(1,4)-diol.

<u>Stromdichte 8 A/dm^2</u> (Bilder 11a und 11b)

Konzentration 1				Konzentration 2				Konzentration 3			
ohne Paste		mit Paste		ohne Paste		mit Paste		ohne Paste		mit Paste	
N	3	N	2	N	2	A	4	N	2	N	3
S	8	A	6	A	13	N	7	A	12	A	12
Q	11	S	8	W	15	Q	24	W	13	F	16
.	.	.	.	.	.	.	.	.	.	.	.
.	.	.	.	.	.	o	.	.	.	.	.
.	.	.	.	o	.	.	o	.	.	.	.
H	136	H	175	B/E	97	C	144	K	136	K	192
G	204	E	185	R	113	E	160	R	140	J	204
F	213	F/G	212	G	209	G	225	G	225	G	225

Als die drei besten Glanzzusätze ergeben sich :

<u>ohne Paste</u>

N (7), Benzolsulfonamid + 2-Butin-(1,4)-diol,
A (41), Benzolsulfonamid,
W (80), Naphthalintrisulfonsäure (Trinatriumsalz) + 2-Butin-(1,4)-diol

<u>mit Paste</u>

N (12), Benzolsulfonamid + 2-Butin-(1,4)-diol,
A (22), Benzolsulfonamid,
Q (74), Saccharin + 2-Butin-(1,4)-diol (1:1),

als die drei schlechtesten :

<u>ohne Paste</u>

G (638), Thioharnstoff,
E (336), Benzol-1,3-disulfonsäure, Dinatriumsalz,
K (304), 3-Hexin-2,5-diol,

<u>mit Paste</u>

G (662), Thioharnstoff,
E (513), Benzol-1,3-disulfonsäure, Dinatriumsalz,
R (378), Saccharin + 2-Butin-(1,4)-diol (1:2).

Aus den Diagrammen kann man ersehen, daß sowohl bei der Auswertung ohne Paste als auch bei der Auswertung mit Paste die Tendenz die gleiche ist, lediglich die Anzahl der Quadrate mit Fehlstellen liegt bei der Auswertung mit Paste höher (ganz selten gleich) als die Anzahl der Quadrate mit Fehlstellen bei der Auswertung ohne Paste.

Von wenigen Ausnahmen abgesehen bestätigt sich auch hier wie beim Cass-Test die Feststellung, daß bei Verwendung der Glanzzusatzkombinationen mit weniger Fehlstellen bzw. geringerer Korrosion zu rechnen ist als bei Verwendung der reinen Glanzzusätze.
Weiterhin zeigen in den folgenden Fällen die glanzvernickelten Probebleche weniger Fehlstellen als die ohne Glanzzusatz mattvernickelten Bleche, (siehe Cass-Test 5.2.1, Seite 35) :

Glanzzusatz	Stromdichte	Konzentration
A, Benzolsulfonamid	1 A/dm^2	1, 2 und 3
	2 A/dm^2	1, 2 und 3
	8 A/dm^2	1, 2 und 3
B, p-Toluolsulfonamid	1 A/dm^2	2
	2 A/dm^2	1, 2 und 3
	8 A/dm^2	1 und 3
D, o-Benzaldehydsulfonsäure, Natriumsalz	1 A/dm^2	3
	2 A/dm^2	1 und 3
	8 A/dm^2	1 und 2
F, Naphthalintrisulfonsäure, Trinatriumsalz	1 A/dm^2	1 und 2
	8 A/dm^2	2 und 3
G, Thioharnstoff	2 A/dm^2	1
H, 3-Butin-2-ol	1 A/dm^2	1 und 2
	2 A/dm^2	1, 2 und 3
J, 2-Butin-(1,4)-diol	1 A/dm^2	1 und 2
	2 A/dm^2	1 und 2
	8 A/dm^2	1
K, 3-Hexin-2,5-diol	1 A/dm^2	1 und 2
	2 A/dm^2	1 und 2
L, Cumarin	1 A/dm^2	1 und 2
M, Benzolsulfonamid + 3-Butin-2-ol	1 A/dm^2	1, 2 und 3
	2 A/dm^2	1, 2 und 3
N, Benzolsulfonamid + 2-Butin-(1,4)-diol	1 A/dm^2	1, 2 und 3
	2 A/dm^2	1, 2 und 3
	8 A/dm^2	1, 2 und 3
O, Benzolsulfonamid + 3-Hexin-2,5-diol	1 A/dm^2	1, 2 und 3
	2 A/dm^2	1, 2 und 3
	8 A/dm^2	1, 2 und 3
P, Saccharin + 3-Butin-2-ol	1 A/dm^2	1, 2 und 3
	2 A/dm^2	1, 2 und 3
	8 A/dm^2	1 und 2
Q, Saccharin + 2-Butin-(1,4)-diol (1:1)	1 A/dm^2	1 und 2
	2 A/dm^2	1
	8 A/dm^2	1 und 3
R, Saccharin + 2-Butin-(1,4)-diol (1:2)	1 A/dm^2	2
S, Saccharin + 2-Butin-(1,4)-diol (2:1)	1 A/dm^2	1, 2 und 3
	2 A/dm^2	1, 2 und 3
	8 A/dm^2	1

Glanzzusatz	Stromdichte	Konzentration
T, Saccharin + 2-Butin-(1,4)-diol (5:4)	1 A/dm²	1 und 2
	2 A/dm²	1 und 3
	8 A/dm²	1
U, Saccharin + 3-Hexin-2,5-diol	1 A/dm²	1 und 3
	2 A/dm²	1 und 2
V, o-Benzaldehydsulfonsäure, Na-salz, + 2-Butin-(1,4)-diol	1 A/dm²	3
	8 A/dm²	2 und 3
W, Naphthalintrisulfonsäure, Trinatriumsalz, + 2-Butin-(1,4)-diol	1 A/dm²	3
	2 A/dm²	2
	8 A/dm²	2 und 3

Für diese Auswertung wurden die Mittelwerte zwischen der Auswertung ohne Paste und der Auswertung mit Paste zugrunde gelegt.

Beim Corrodkote-Verfahren kann man davon sprechen, daß in der überwiegenden Mehrzahl der Fälle die glanzvernickelten Probebleche ein besseres Korrosionsverhalten aufweisen als die mattvernickelten Probebleche, was ebenfalls die Ansicht vom schlechteren Korrosionsverhalten glanzvernickelter Überzüge gegenüber mattvernickelten Überzügen noch mehr als beim Cass-Test (siehe 5.2.1, Seite 35) überzeugend widerlegt.

5.3.2 Quadrate mit Fehlstellen in Abhängigkeit von der Stromdichte

(Bilder 12a, 12b, 13a, 13b)

Konzentration 1

Stromdichte 1 A/dm²				Stromdichte 2 A/dm²				Stromdichte 8 A/dm²			
ohne Paste		mit Paste		ohne Paste		mit Paste		ohne Paste		mit Paste	
H/O	10	A	2	B	10	B	14	N	3	N	2
A/N	12	N	16	S	16	S	17	S	8	A	6
M/S	15	O/S	18	K	17	T	19	B/Q	12	S	8
.	.	.	.	.	.	.	.	.	.	.	.
.	.	.	.	.	.	.	.	.	.	.	.
.	.	.	.	.	.	.	.	.	.	.	.
E	95	E	174	V	132	V	187	H	136	H	174
V	131	B	192	F	146	E/F	200	G	205	E	186
B	136	V	207	W	194	W	225	F	214	F/G	212

Als die besten drei Glanzzusätze über alle drei Stromdichten ergeben sich :

<u>ohne Paste</u>

S (39), Saccharin + 2-Butin-(1,4)-diol (2:1),
N (40), Benzolsulfonamid + 2-Butin-(1,4)-diol,
A (48), Benzolsulfonamid

mit Paste

S (43), Saccharin + 2-Butin-(1,4)-diol (2:1),
N (46), Benzolsulfonamid + 2-Butin-(1,4)-diol,
A (52), Benzolsulfonamid,

als die drei schlechtesten Zusätze :

ohne Paste

F (420), Naphthalintrisulfonsäure, Trinatriumsalz,
W (327), Naphthalintrisulfonsäure, Trinatriumsalz, + 2-Butin-(1,4)-diol,
V (321), o-Benzaldehydsulfonsäure, Na-salz, + 2-Butin-(1,4)-diol,

mit Paste

E (560), Benzol-1,3-disulfonsäure, Dinatriumsalz,
F (496), Naphthalintrisulfonsäure, Trinatriumsalz,
V (484), o-Benzaldehydsulfonsäure (Na-salz), + 2-Butin-(1,4)-diol.

Konzentration 2

Stromdichte 1 A/dm^2				Stromdichte 2 A/dm^2				Stromdichte 8 A/dm^2			
ohne Paste		mit Paste		ohne Paste		mit Paste		ohne Paste		mit Paste	
B	12	A	16	A	16	B	20	N	2	A	4
N	13	N	19	B	18	S	25	A	13	N	6
S	16	S	23	H/P	25	N	30	W	15	Q	24
.	.	.	.	.	.	.	.	.	.	.	.
.	.	.	.	.	.	.	.	.	.	.	.
.	.	.	.	.	.	.	.	.	.	.	.
G	88	W	124	G	109	E	163	E	99	C	143
U	90	U	140	E/F	117	F	180	R	113	E	160
E	100	E	202	D	146	D	222	G	209	G	224

Die drei besten Glanzzusätze über alle drei Stromdichten :

ohne Paste

N (47), Benzolsulfonamid + 2-Butin-(1,4)-diol,
A (48), Benzolsulfonamid,
O (81), Benzolsulfonamid + 3-Hexin-2,5-diol und
P (81), Saccharin + 3-Butin-2-ol,

mit Paste

N (55), Benzolsulfonamid +2-Butin-(1,4)-diol,
A (56), Benzolsulfonamid,
S (88), Saccharin + 2-Butin-(1,4)-diol (2:1),

die drei schlechtesten Glanzzusätze über alle drei Strom=dichten :

ohne Paste

G (406), Thioharnstoff,
E (316), Benzol-1,3-disulfonsäure, Dinatriumsalz,
R (238), Saccharin + 2-Butin-(1,4)-diol (1:2),

mit Paste

E (525), Benzol-1,3-disulfonsäure, Dinatriumsalz,
G (465), Thioharnstoff,
D (356), o-Benzaldehydsulfonsäure, Natriumsalz.

Konzentration 3

Stromdichte 1 A/dm^2				Stromdichte 2 A/dm^2				Stromdichte 8 A/dm^2			
ohne Paste		mit Paste		ohne Paste		mit Paste		ohne Paste		mit Paste	
U	10	A	20	A	2	A/B	4	N	3	N	2
N	20	U	23	B	4	S	16	A	12	A	12
A	22	N	30	S	22	N	36	W	14	F	16
.	.	.	.	.	.	.	.	.	.	.	.
.	.	.	.	.	.	.	.	.	.	.	.
.	.	.	.	.	.	.	.	.	.	.	.
B	120	E	176	E	124	G	207	K	136	K	192
Q	122	J	207	J	148	J	209	R	140	J	204
G	224	G	217	G	200	E	216	G	225	G	225

Die drei besten Glanzzusätze über alle drei Stromdichten sind :

ohne Paste

A (36), Benzolsulfonamid,
N (63), Benzolsulfonamid + 2-Butin-(1,4)-diol,
P (106), Saccharin + 3-Butin-2-ol,

mit Paste

A (36), Benzolsulfonamid,
N (68), Benzolsulfonamid + 2-Butin-(1,4)-diol,
S (135), Saccharin + 2-Butin-(1,4)-diol (2:1),

die drei schlechtesten Glanzzusätze über alle drei Strom=
dichten sind :

nach der Auswertung ohne Paste

G (649), Thioharnstoff,
J (348), 2-Butin-(1,4)-diol,
R (346), Saccharin + 2-Butin-(1,4)-diol (1:2),

nach der Auswertung mit Paste

G (649), Thioharnstoff,
J (620), 2-Butin-(1,4)-diol,
E (564), Benzol-1,3-disulfonsäure, Dinatriumsalz.

Die Korrosionsprüfung nach dem Corrodkote - Verfahren ergibt unter Berücksichtigung aller drei Konzentrationen und aller drei Stromdichten aus der Anzahl der Quadrate mit Fehlstellen als

die <u>insgesamt drei besten Glanzzusätze</u>

bei der Auswertung <u>ohne Paste</u>

A, Benzolsulfonamid,
N, Benzolsulfonamid + 2-Butin-(1,4)-diol und
O, Benzolsulfonamid + 3-Hexin-2,5-diol,

bei der Auswertung <u>mit Paste</u>

A, Benzolsulfonamid,
N, Benzolsulfonamid + 2-Butin-(1,4)-diol und
S, Saccharin + 2-Butin-(1,4)-diol (2:1),

als die <u>insgesamt drei schlechtesten Glanzzusätze</u>

bei der Auswertung <u>ohne Paste</u>

G, Thioharnstoff,
E, Benzol-1,3-disulfonsäure, Dinatriumsalz und
R, Saccharin + 2-Butin-(1,4)-diol (1:2),

bei der Auswertung <u>mit Paste</u>

E, Benzol-1,3-disulfonsäure, Dinatriumsalz,
G, Thioharnstoff und
F, Naphthalintrisulfonsäure, Trinatriumsalz.

5.3.3 Standardabweichung

Wie bei den Ergebnissen der Glanzmessung (siehe 5.1.4, Seite 32) und wie bei den Ergebnissen der Korrosionsprüfung Cass DIN 50 021 (siehe 5.2.3, Seite 38) wurde die Streuung der Ergebnisse beim Corrodkote - Verfahren an den ohne Glanzzusatz vernickelten Blechen überprüft.

Nach der Auswertung <u>ohne Paste</u> liegt die Anzahl der Fehlstellen

bei	1 A/dm^2	2 A/dm^2	8 A/dm^2
in einem Bereich von	59 - 74	61 - 83	44 - 67
Durchschnitt	65,77	70,55	54,60
Standardabweichung	5,4	9,2	9,1
(berücksichtigt wurden je 22 Werte	A.1.0.2 bis W.1.0.2	A.2.0.2 bis W.2.0.2	A.3.0.2 bis W.3.0.2)

Nach der Auswertung <u>mit Paste</u> liegt die Anzahl der Fehlstellen

bei	1 A/dm^2	2 A/dm^2	8 A/dm^2
in einem Bereich von	104-133	110-142	67 - 92
Durchschnitt	119,3	127,7	79,2
Standardabweichung	8,9	9,8	10,7
(berücksichtigt wurden je 22 Werte	A.1.0.2 bis W.1.0.2	A.2.0.2 bis W.2.0.2	A.3.0.2 bis W.3.0.2)

Die Standardabweichungen der auch in den Diagrammen aufge= führten Ergebnisse für die mattvernickelten Probebleche (Konzentration 0) lassen den Schluß zu, daß die Abweichung bezüglich der Quadrate mit Fehlstellen auch bei den Glanz= nickelüberzügen nach der Corrodkote - Prüfung im Einzelfall nicht größer als $\pm$ 11 sein wird.

5.3.4 Bewertungszahlen in Abhängigkeit von der Konzentration

(Bilder 14a, 14b, 15a, 15b, 16a, 16b)

<u>Stromdichte 1 A/dm²</u> (Bilder 14a und 14b)

Bewer= tungs= zahl	Konzentration 1		Konzentration 2		Konzentration 3	
	ohne Paste	mit Paste	ohne Paste	mit Paste	ohne Paste	mit Paste
0	--	B,E,V	--	E	G	E,F,G, J
1	B,E,R, V,W	D,F,G, R,W	C,E,G, U	C,D,G, J,U,V, W	B,C,E, J,Q,R, T	B,C,K, Q,R,T, W
2	C,D,F, G	C,H,J, L,T,U	D,J,K, L,Q,T, V,W	H,K,L, M,P,T	F,H,K, L,O,P, S,V,W	D,H,L, M,O,P, S,V
3	J,K,L, P,Q,T, U	K,M,P, Q	A,F,H, M,P,R	B,F,N, O,Q,R, S	A,D,M, N	A,N,U
4	A,H,M, N,O,S	N,O,S	B,N,O, S	A	U	--
.	.....	.....	.....	.....	.....	.....
7	--	A	--	--	--	--

<u>Stromdichte 2 A/dm²</u> (Bilder 15a und 15b)

Bewer= tungs= zahl	Konzentration 1		Konzentration 2		Konzentration 3	
	ohne Paste	mit Paste	ohne Paste	mit Paste	ohne Paste	mit Paste
0	F,W	E,F,V, W	D	D,E,F	G,J	E,F,G, J,U,V
1	E,V	H,L,M, B,R	E,F,G, R,T,V	G,H,K, L,M,R T,V,W	E,F,Q, R,U,V, W	C,D,H, K,L,O, R,W
2	C,L,M, P,R	A,C,D, G,J,O, Q	C,K,L, M,Q,S, U,W	A,C,O, P,Q,U	C,D,H, K,L,N, O,T	M,P,Q, T
3	A,D,G, H,J,N, O,Q,U	K,N,T, U	H,J,N, O,P	B,J,N, S	M,P,S	N
4	B,K,S, T	B,S	A,B	--	--	S
.	.....	.....	.....	.....	.....	.....
6	--	--	--	--	B	A,B
.	.....	.....	.....	.....	.....	.....
8	--	--	--	--	A	--

Stromdichte 8 A/dm² (Bilder 16a und 16b)

Bewer= tungs= zahl	Konzentration 1		Konzentration 2		Konzentration 3	
	ohne Paste	mit Paste	ohne Paste	mit Paste	ohne Paste	mit Paste
0	F,G	E,F,G, H	G	E,G	G	E,G,J, K
1	C,E,H, K,R	C,K,O, R,V,W	B,C,E, K,R	B,C,H, K,L,R	E,J,K, R,T	C,D,L, R,M,U
2	J,L,O, T,U,V, W	J,L,M, U	H,J,L, M,Q,S, T,U	F,J,M, O,S,T, U,V	B,C,D, L,M,P, S,U	B,H,O, P,Q,S, T,V
3	M,P	B,D,P	F,O,P, V	D,P,Q, W	F,O,Q, V	W
4	A,B,D, Q	Q,T	A,D,W	-----	A,H,W	A,F
5	S	A,S	-----	A,N	-----	-----
6	N	-----	-----	-----	-----	-----
7	-----	-----	N	-----	N	N
8	-----	N	-----	-----	-----	-----

5.3.5 Bewertungszahlen in Abhängigkeit von der Stromdichte

(Bilder 17a, 17b, 18a, 18b, 19a, 19b)

Konzentration 1 (Bilder 17a und 17b)

Bewer= tungs= zahl	Stromdichte 1A/dm²		Stromdichte 2A/dm²		Stromdichte 8A/dm²	
	ohne Paste	mit Paste	ohne Paste	mit Paste	ohne Paste	mit Paste
0	-----	B,E,V	F,W	E,F,V, W	F,G	E,F,G, H
1	B,E,R, V,W	D,F,G, R,W	E,V	H,L,M, P,R	C,E,H, K,R	C,K,O, R,V,W
2	C,D,F, G	C,H,J, L,T,U	C,L,M, P,R	A,C,D, G,J,O, Q	J,L,O, T,U,V, W	J,L,M, U
3	J,K,L, P,Q,T, U	K,M,P, Q	A,D,G, H,J,N, O,Q,U	K,N,T, U	M,P	B,D,P
4	A,H,M, N,O,S	N,O,S	B,K,S, T	B,S	A,B,D, Q	Q,T
5	-----	-----	-----	-----	S	A,S
6	-----	-----	-----	-----	N	-----
7	-----	A	-----	-----	-----	-----
8	-----	-----	-----	-----	-----	N

Konzentration 2 (Bilder 18a und 18b)

Bewer= tungs= zahl	Stromdichte 1A/dm²		Stromdichte 2A/dm²		Stromdichte 8A/dm²	
	ohne Paste	mit Paste	ohne Paste	mit Paste	ohne Paste	mit Paste
0	-----	E	D	D,E,F	G	E,G
1	C,E,G, U	C,D,G, J,U,V, W	E,F,G, R,T,V	G,H,K, L,M,R, T,V,W	B,C,E, K,R	B,C,H, L,R,K
2	D,J,K, L,Q,T, V,W	H,K,L, M,P,T	C,K,L, M,Q,S, U,W	A,C,O, P,Q,U	H,J,L, M,Q,S, T,U	F,J,M, O,S,T, U,V
3	A,F,H, M,P,R	B,F,N, O,Q,R, S	H,J,N, O,P	B,J,N, S	F,O,P, V	D,P,Q, W
4	B,N,O, S	A	A,B	-----	A,D,W	-----
5	-----	-----	-----	-----	-----	A,N
6	-----	-----	-----	-----	-----	-----
7	-----	-----	-----	-----	N	-----

Konzentration 3 (Bilder 19a und 19b)

Bewer= tungs= zahl	Stromdichte 1A/dm²		Stromdichte 2A/dm²		Stromdichte 8A/dm²	
	ohne Paste	mit Paste	ohne Paste	mit Paste	ohne Paste	mit Paste
0	G	E,F,G, J	G,J	E,F,G, J,U,V	G	E,G,J, K
1	B,C,E, J,Q,R, T	B,C,K, Q,R,T, W	E,F,Q, R,U,V, W	C,D,H, K,L,O, R,W	E,J,K, R,T	C,D,L, M,R,U
2	F,H,K, L,O,P, S,V,W	D,H,L, M,O,P, S,V	C,D,H, K,L,N, O,T	M,P,Q, T	B,C,D, L,M,P, S,U	B,H,O, P,Q,S, T,V
3	A,D,M, N	A,N,U	M,P,S	N	F,O,Q, V	W
4	U	-----	-----	S	A,H,W	A,F
5	-----	-----	-----	-----	-----	-----
6	-----	-----	B	A,B	-----	-----
7	-----	-----	-----	-----	N	N
8	-----	-----	A	-----	-----	-----

Obwohl auch hier wie beim CASS-Test bei den Bewertungszah= len keine unterschiedlichen Endergebnisse zwischen den bei= den Auswertungen in Abhängigkeit von der Konzentration und in Abhängigkeit von der Stromdichte zu verzeichnen sind, wur= den dennoch beide Auswertungen aufgeführt, um dem Praktiker bei einer bestimmten Konzentration oder bei einer bestimmten Stromdichte ein leichteres Auffinden des betreffenden Glanz= zusatzes zu ermöglichen.

5.3.6 Gesamtbewertung aller geprüften Glanzzusätze

Nach dem modifizierten CORRODKOTE - Verfahren DIN 50 958 ergibt sich aus den Bewertungszahlen folgende Einstufung der 22 Glanzzusätze und Glanzzusatzkombinationen von "gut" nach "schlecht" :

		Summe der Bewertungszahlen nach Auswertung	
		ohne Paste	mit Paste
1. N,	Benzolsulfonamid + 2-Butin-(1,4)-diol	39	39
2. A,	Benzolsulfonamid	37	38
3. S,	Saccharin + 2-Butin-(1,4)-diol (2:1)	28	29
4. B,	p-Toluolsulfonamid	27	23
5. O,	Benzolsulfonamid + 3-Hexin-2,5-diol	26	19
6. H,	3-Butin-2-ol	24	12
7. M,	Benzolsulfonamid + 3-Butin-2-ol	24	16
8. P,	Saccharin + 3-Butin-2-ol	24	20
9. D,	o-Benzaldehydsulfonsäure, (Natriumsalz)	22	14
10. Q,	Saccharin + 2-Butin-(1,4)-diol (1:1)	21	22
11. U,	Saccharin + 3-Hexin-2,5-diol	20	16
12. L,	Cumarin	19	13
13. K,	3-Hexin-2,5-diol	18	13
14. T,	Saccharin + 2-Butin-(1,4)-diol (5:4)	18	19
15. W,	Naphthalintrisulfonsäure, Trinatriumsalz + 2-Butin-(1,4)-diol	18	12
16. J,	2-Butin-(1,4)-diol	17	12
17. V,	o-Benzaldehydsulfonsäure (Na-salz) + 2-Butin-(1,4)-diol	16	9

		Summe der Bewertungszahlen nach Auswertung ohne Paste	mit Paste
18. F,	Naphthalintrisulfonsäure, (Trinatriumsalz)	15	10
19. C,	Saccharin	14	12
20. R,	Saccharin + 2-Butin-(1,4)-diol (1:2)	12	11
21. E,	Benzol-1,3-disulfonsäure, (Dinatriumsalz)	9	0
22. G,	Thioharnstoff	7	5

Den Ergebnissen aus der Bewertung ohne Paste wurde der Vorzug gegeben, weil auch beim Cass-Test die Beurteilung der Korrosionserscheinungen direkt am Metall ohne eine Paste erfolgte.

5.4 Standardabweichung der Bewertungszahlen

Die Streuung der Ergebnisse bei den Bewertungszahlen nach dem Cass-Test und nach dem Corrodkote - Verfahren wurde auch hier an mattvernickelten Probeblechen überprüft.
Entsprechend der Gesamtbewertungsskala von 0 bis 10 bei den Bewertungszahlen sind die Standardabweichungen entweder garnicht vorhanden oder wesentlich geringer als bei den Quadraten mit Fehlstellen.
Der besseren Übersichtlichkeit halber ist die Konzentration 0 (ohne Glanzzusatz) bei den Bildern 14a bis 16b in jeder einzelnen Glanzzusatzserie den Konzentrationen 1, 2 und 3, bei den Bildern 17a bis 19b allen Serien je einmal als Mittelwert vorangestellt worden.

5.4.1 Standardabweichung beim Cass-Test

Die Bewertungszahlen liegen bei

	$1 A/dm^2$	$2 A/dm^2$	$8 A/dm^2$
in einem Bereich von	$2{,}0 \pm 0$	2 - 3	2 - 3
Durchschnitt	2	2,41	2,32
Standardabweichung	0	0,50	0,48

Dies läßt darauf schließen, daß die bei den glanzvernickelten Probeblechen auftretenden Abweichungen der Ergebnisse nicht größer als $\pm$ 0,5 sein werden.
(Berücksichtigt wurden für die Erfassung der Standardabweichungen bei jeder Stromdichte je 22 Werte A.1.0.1 bis W.1.0.1, A.2.0.1 bis W.2.o.1 und A.3.0.1 bis W.3.0.1)

5.4.2 Standardabweichung beim Corrodkote - Verfahren

Auswertung <u>ohne Paste</u> :

Die Bewertungszahlen liegen bei

	$1 A/dm^2$	$2 A/dm^2$	$8 A/dm^2$
in einem Bereich von	1 - 2	1 - 2	2 ± 0
Durchschnitt	1,82	1,55	2
Standardabweichung	0,40	0,51	0
(berücksichtigt wurden je 22 Werte	A.1.0.2 bis W.1.0.2	A.2.0.2 bis W.2.0.2	A.3.0.2 bis W.3.0.2)

Auswertung <u>mit Paste</u> :

Die Bewertungszahlen liegen bei

	$1 A/dm^2$	$2 A/dm^2$	$8 A/dm^2$
in einem Bereich von	1 ± 0	1 ± 0	1 - 2
Durchschnitt	1	1	1,41
Standardabweichung	0	0	0,50
(berücksichtigt wurden je 22 Werte	A.1.0.2 bis W.1.0.2	A.2.0.2 bis W.2.0.2	A.3.0.2 bis W.3.0.2)

Diese Ergebnisse lassen es sehr wahrscheinlich sein, daß auch die Bewertungszahlen bei den glanzvernickelten Probeblechen keine größere Abweichung als $\pm$ 0,5 haben werden.

Es soll noch Erwähnung finden, daß nach der Norm DIN 50 980 <u>nur die Bewertungszahlen</u> <u>zur endgültigen Beurteilung</u> der Korrosionserscheinungen heranzuziehen sind.

Dennoch wurden auch die Quadrate mit Fehlstellen ausführlich aufgeführt und dargestellt, da sie eine weitergehende Spezifizierung noch innerhalb der Bewertungszahlen zulassen.

6. Vergleich der Korrosionsprüfungen CASS DIN 50 021 und Corrodkote-Verfahren DIN 50 958

Das Forschungsvorhaben sollte nicht nur aufzeigen, welche Glanzzusätze bzw. Glanzzusatzkombinationen die Korrosions=beständigkeit von Nickelüberzügen gegenüber den Angriffsmit=teln der Salzsprühnebelprüfung Cass DIN 50 021 und gegenüber den Angriffsmitteln der Korrosionsprüfung nach dem Corrodkote-Verfahren positiv oder negativ beeinflussen, sondern eventuell auch Auskunft darüber geben, ob eine Vergleichbarkeit dieser beiden wichtigen Korrosionsprüfverfahren sinnvoll oder möglich sei.

Aus der Gegenüberstellung der Ergebnisse auf der folgenden Sei=te läßt sich auf den ersten Blick erkennen, daß unter den angewandten Prüfbedingungen die Korrosion beim Cass-Test stär=ker ist als beim Corrodkote-Verfahren. Dies ist mit Sicherheit auf die längere Prüfzeit beim Cass-Test zurückzuführen.

Es ist jedoch weder eine Vergleichbarkeit der Ergebnisse noch eine annähernd gleiche Tendenz festzustellen, die auch trotz verschiedener Prüfzeiten möglich gewesen wäre.
Hierdurch bestätigt sich also, daß jedes Korrosionsmittel sowohl qualitativ als auch quantitativ andere Korrosionser=scheinungen hervorruft und jeweils nur für ein einziges Korro=sionsmedium eindeutige Aussagen möglich sind. Wie man aus der Gegenüberstellung der Ergebnisse sieht, können sich bei anderer Zusammensetzung des Korrosionsmediums die metallischen Überzüge (hier Nickelüberzüge) völlig anders verhalten. Jede Korrosions=prüfung simuliert jeweils nur eine Art der Korrosionsbeanspru=chung. Hieraus geht eindeutig hervor, daß von den Ergebnissen der einen Prüfung nicht auf Ergebnisse der anderen Prüfung geschlossen werden darf.

6.1 Gegenüberstellung der Ergebnisse der Korrosionsprüfungen

in der Reihenfolge von gut (hohe Bewertungszahl) nach schlecht (niedrige Bewertungszahl)

CASS		CORRODKOTE			
		ohne Paste		mit Paste	
Glanz=zusatz	Bewer=tungs=zahl	Glanz=zusatz	Bewer=tungs=zahl	Glanz=zusatz	Bewer=tungs=zahl
F	22	N	39	N	39
L	20	A	37	A	38
A	19	S	28	S	29
N	17	B	27	B	23
H	16	O	26	Q	22
K	16	H	24	P	20
O	16	M	24	O	19
V	16	P	24	T	19
B	15	D	22	M	16
W	15	Q	21	U	16
P	14	U	20	D	14
J	13	L	19	L	13
Q	13	K	18	K	13
T	13	T	18	H	12
C	12	W	18	W	12
M	12	J	17	J	12
D	10	V	16	C	12
R	10	F	15	R	11
U	10	C	14	F	10
E	8	R	12	V	9
S	8	E	9	G	5
G	0	G	7	E	0

Bei der hier angegebenen "Bewertungszahl" handelt es sich wie auch in den Abschnitten 5.2.6, Seiten 41 u. 42 und 5.3.6, Seiten 54 u. 55, um die Gesamtbewertungszahl (= Summe der Einzelbewertungszahlen).

6.2 Gegenüberstellung der Ergebnisse der Korrosionsprüfungen in der Reihenfolge der verwendeten Glanzzusätze bzw. nach der chemischen Struktur der Glanzzusätze, (wobei die Zahlen wiederum die jeweilige Gesamtbewertungszahl für den CASS - Test und für das CORRODKOTE - Verfahren ohne und mit Paste darstellen).

Kenn=buch=stabe	Glanzzusatz	CASS	CORRODKOTE ohne Paste	CORRODKOTE mit Paste
A	Benzolsulfonamid	19	37	38
B	p-Toluolsulfonamid	15	27	23
C	Saccharin	12	14	12
D	o-Benzaldehydsulfon=säure, Natriumsalz	10	22	14
E	Benzol-1,3-disulfon=säure, Dinatriumsalz	8	9	0
F	Naphthalintrisulfon=säure, Trinatriumsalz	22	15	10
G	Thioharnstoff	0	7	5
H	3-Butin-2-ol	16	24	12
J	2-Butin-1,4-diol	13	17	12
K	3-Hexin-2,5-diol	16	18	13
L	Cumarin	20	19	13
M	Benzolsulfonamid + 3-Butin-2-ol	12	24	16
N	Benzolsulfonamid + 2-Butin-1,4-diol	17	39	39
O	Benzolsulfonamid + 3-Hexin-2,5-diol	16	26	19
P	Saccharin + 3-Butin-2-ol	14	24	20
Q	Saccharin + 2-Butin-1,4-diol (1:1)	13	21	22
R	Saccharin + 2-Butin-1,4-diol (1:2)	10	12	11
S	Saccharin + 2-Butin-1,4-diol (2:1)	8	28	29
T	Saccharin + 2-Butin-1,4-diol (5:4)	13	18	19
U	Saccharin + 3-Hexin-2,5-diol	10	20	16
V	o-Benzaldehydsulfonsäure (Na-salz) + 2-Butin-1,4-diol	16	16	9
W	Naphthalintrisulfonsäure (Trinatriumsalz) + 2-Butin-1,4-diol	15	18	12

7. Zusammenfassung

Die Ergebnisse vermitteln einen Eindruck von der Auswirkung verschiedener Einflußfaktoren im Hinblick auf die elektro= chemischen Eigenschaften und damit auf die auch für die Praxis so wichtige Korrosionsbeständigkeit von Glanznickel= überzügen.
Die Zusammensetzung des organischen Glanzzusatzes, seine Kon= zentration, der verwendete Nickelelektrolyt und die Stromdichte während des Galvanisiervorganges sind solche Einflußfaktoren und bestimmen im wesentlichen, ob viel oder wenig organische Substanz in den Nickelniederschlag eingebaut wird.
Von dem Einbau organischer Substanz wiederum hängt die Änderung des Korrosionsverhaltens ab.

Im Verlauf der Arbeit wurden zweiundzwanzig bekannte und we= niger bekannte Glanzzusätze und Glanzzusatzkombinationen aus der Vielzahl der möglichen wirksamen organischen Substanzen durch Vorversuche ermittelt, und die unter Verwendung dieser Glanzzusätze in jeweils drei Konzentrationen bei bestimmten Stromdichten erzeugten Nickelüberzüge gleicher Schichtdicke auf ihre Korrosionsbeständigkeit hin untersucht.

Als Korrosionsprüfungen kamen
die Salzsprühnebelprüfung CASS DIN 50 021 und
das modifizierte Corrodkote - Verfahren nach DIN 50 958
zur Anwendung.

Die Tabellen und Diagramme mit sämtlichen einzelnen Versuchs= ergebnissen gestatten es, diejenigen Zusätze in bestimmter Konzentration auszuwählen, welche unter vorgegebenen Abschei= dungsbedingungen Glanznickelüberzüge auf Stahl mit optimalem Korrosionsverhalten ergeben.
Der durch den jeweiligen Glanzzusatz auf der Nickeloberfläche erzeugte Glanz läßt sich ebenfalls den Tabellen und Diagram= men entnehmen und dem Korrosionsverhalten zuordnen.

Zusätzlich findet sich eine Einstufung der geprüften Glanz= zusätze und der Glanzzusatzkombinationen in der Reihenfolge von gut nach schlecht für den CASS-Test auf den Seiten 41 und 42, (Abschnitt 5.2.6), und für das Corrodkote - Verfahren auf den Seiten 54 und 55, (Abschnitt 5.3.6), und gibt dem Prakti= ker wertvolle Hinweise für den Einsatz dieser Stoffe.

Eine Gegenüberstellung der Ergebnisse der Korrosionsprüfungen in der Reihenfolge der verwendeten Glanzzusätze ist auf Seite 59, (Abschnitt 6.2), zu finden, während Zusammenstellungen auf den Seiten 28 bis 32, (Abschnitte 5.1.1, 5.1.2 und 5.1.3) über den Glanz in Abhängigkeit von der Konzentration des Glanzzu= satzes, in Abhängigkeit von der angewandten Stromdichte und in Abhängigkeit vom verwendeten Glanzzusatz selbst Auskunft geben.

Die Unterschiede im Korrosionsverhalten durch Variation der Stromdichte sind längst nicht so groß wie die Unterschiede, die sich durch Änderung der Konzentration der Glanzzusätze ergeben. Die Tendenz ist jedoch im letzteren Falle nicht einheitlich. So wurden sowohl Glanzzusätze festgestellt, bei denen mit wachsender Konzentration an Glanzzusatz die Korrosionsbeständigkeit abnimmt, (z.B. 2-Butin-1,4-diol), als auch solche, bei denen sie mit wachsender Konzentration zunimmt, (z.B. Naphthalintrisulfonsäure, Trinatriumsalz).

Eindeutig kann nach den Untersuchungen gesagt werden, daß das Korrosionsverhalten der Glanzzusatzkombinationen in den aller= meisten Fällen wesentlich besser ist als dasjenige der Einzel= zusätze. Der Unterschied tritt beim Corrodkote-Verfahren stär= ker hervor als beim Cass-Test.

Die Untersuchungen haben weiterhin ganz klar ergeben, daß Glanznickelüberzüge kein schlechteres Korrosionsverhalten auf= weisen müssen als Mattnickelüberzüge. Mindestens in der Hälfte der Fälle wurde ein gleich gutes, wenn nicht sogar besseres Korrosionsverhalten der glanzvernickelten gegenüber den matt= vernickelten Proben festgestellt.
Es muß also der immer noch weit verbreiteten Ansicht entgegen= getreten werden, daß Mattnickelschichten ihrer Reinheit wegen die höchste Korrosionsbeständigkeit haben sollten.
Es gibt, wie aus den Untersuchungen hervorgeht, durchaus Kor= rosionsbedingungen, unter denen sich Mattnickel- und Halbglanz= nickelschichten schlechter verhalten als Glanznickelschichten.

Auch ist aus den Versuchsergebnissen zu erkennen, daß sich hin= sichtlich der Korrosionsbeständigkeit nicht jede Glanznickel= schicht wie die andere verhält. Es bestehen eindeutig Zusammen= hänge zwischen den verwendeten Zusatzstoffen und dem Korrosions= verhalten.

Von wenigen Ausnahmefällen abgesehen, die zufällig sein können, ist eine Übereinstimmung der Ergebnisse des CASS - Testes mit denen des Corrodkote-Verfahrens nicht gegeben.
Die verschiedenen Angriffsbedingungen führen qualitativ und quantitativ zu unterschiedlichen Korrosionserscheinungen und damit zu unterschiedlichen Bewertungszahlen.
Wie diese Untersuchungen zeigen, sollte man Literaturangaben, in denen z.B. 16 Stunden Prüfdauer des Cass-Testes einem Prüf= zyklus des Corrodkote-Verfahrens oder zwei Prüfzyklen der Kes= ternichprüfung gleichgesetzt werden, mit äußerster Skepsis be= gegnen. Es läßt sich nach den Untersuchungen weder eine Ver= gleichbarkeit zwischen dem Cass-Test und dem Corrodkote-Verfah= ren herleiten, noch lassen sich Ergebnisse der einen Prüfung auf Ergebnisse der anderen Prüfung übertragen.
Die auf den Seiten 58 und 59 erfolgte Gegenüberstellung der Ergebnisse der Korrosionsprüfungen zeigt dies deutlich.
Lediglich zwischen den Ergebnissen der Auswertung ohne Paste und den Ergebnissen der Auswertung mit Paste innerhalb des Corrodkote-Verfahrens sind Zusammenhänge zu erkennen. Dies ist auch nicht verwunderlich, da nur die Auswertungen, nicht aber die Angriffsbedingungen verschieden waren.

Das Verfahren für die Auswertung von Korrosionsprüfungen nach DIN 50 980 hat sich im großen und ganzen gut bewährt. Die Streuung der Ergebnisse bei mehrfach durchgeführten Auszählun= gen ist verhältnismäßig gering.

Aus der Arbeit ist auch zu ersehen, daß Korrosionsprüfungen ein unentbehrliches Hilfsmittel der modernen Technik geworden sind. Ohne sie wäre sowohl ein Vergleich des Korrosionsverhal= tens metallischer Überzüge als auch eine Auswahl von Überzügen mit optimalem Korrosionsverhalten, hier speziell von Glanz= nickelüberzügen, nicht denkbar.

8. Literaturverzeichnis

(1) Schneider, R., L. Albert und H. Fischer, Nachweis eingebauter Fremdstoffmoleküle in elektrolytisch abgeschiedenem Nickel ; Metalloberfläche 21(1967), Heft 3, S. 65-67.

(2) Dubsky, J., und P. Kozak, Ermittlung der anodischen Oxidationsprodukte von Glanzzusätzen der ersten Klasse im Nickelbad ; Metalloberfläche 27(1973)6, S. 217-227.

(3) Immel, W., Neuere Studien über das Verhalten organischer Zusätze bei der elektrolytischen Metallabscheidung ; Galvanotechnik 67(1976)6, S. 459-464.

(4) Knödler, A., und E. Raub, Einfluß der Molekularstruktur organischer Schwefelverbindungen auf die inneren Span= nungen von Nickelniederschlägen; Metalloberfläche 27(1973)2, S. 48-59.

(5) Machu, W., Die Bedeutung der Inhibitoren in der Galvano= technik ; Galvanotechnik 65(1974)10, S. 829-836.

(6) Meller, M., und S. Hotjanowitsch, Über die Korrosions= beständigkeit von Glanznickelniederschlägen, (Bericht über russische Forschungs- und Untersuchungsarbeiten auf dem Gebiet der Galvanotechnik); Galvanotechnik 61(1970)8, S. 654-656.

(7) Orgovány, L., Theoretische Schlußfolgerungen auf Grund der polarographischen Untersuchung der organischen Zu= satzstoffe von Nickelbädern ; Metalloberfläche 22(1968)1, S. 8-13.

(8) Raub, E., und O. Loebisch, Ein Beitrag zur Frage der Bildung glänzender elektrolytischer Metall-Überzüge ; Metalloberfläche 16(1962)1, S. 1-6.

(9) Raub, E., und K. Müller, Über die Wirkung von Saccharin, Cumarin und Butindiol im Watts`schen Nickelbad; Metalloberfläche 17(1963)4, S. 97-103.

(10) Matulis, J.J., Zur Frage der Theorie der elektrolytischen Abscheidung glänzender Metallüberzüge ; Tagungsberichts= band Interfinish 1968 (Hannover), S. 73-78.

(11) Fischer, H., Elektrolytische Abscheidung und Elektro= kristallisation von Metallen ; SpringerVerlag Berlin, Göttingen, Heidelberg 1954, S. 544 ff.

(12) Brugger, R., Die galvanische Vernicklung ; Schriften= reihe Galvanotechnik Eugen G. Leuze Verlag, Saulgau/Württ. 1967, S. 108, 110, 111 und 254.

(13) Praktische Galvanotechnik, Lehr- und Handbuch, 3. Auflage 1975, S. 141-143 und 147, Eugen G. Leuze Verlag Saulgau/ Württ.

(14) Raub, E., A. Knödler, A.Disam und H. Kawase, Der Einfluß von Elektrolytzusätzen auf die Vorgänge in der Phasen= grenzschicht bei der Nickelabscheidung ; Tagungsberichts= band Interfinish 1968 (Hannover), S. 42-53.

(15) Du Rose, A.H., Nickel Addition Agents Corrosion Inhibitors and Catalysis ; Tagungsberichtsband Interfinish 1968 (Hannover), S. 54-65.

(16) Kruglikov, S.S., N.T. Kudryavtsev and E.V. Semina, On the Relationship between the Molecular Structure of Organic Inhibitors and their Levelling Effects in Nickel Electrodeposition ; Tagungsberichtsband Interfinish 1968 (Hannover), S. 66-72.

(17) Dettner, H.W., und J. Elze, Handbuch der Galvanotechnik, Band I (1963), Teil 1, S. 82, und Band II (1966), S. 92-97 und S. 106-110, Carl Hanser Verlag München.

(18) Metzger, W., R. Ott und G. Pappe, Elektrolytische Abscheidung von Kupfer, Nickel und Chrom ; Jahrbuch Oberflächentechnik 1977, S. 82-83, Metall Verlag GmbH Berlin

(19) Osterwald, J., und J. Schulz-Harder, Neue theoretische Vorstellungen über die Wirkung von Badzusätzen bei der kathodischen Metallabscheidung; Galvanotechnik 66(1975), Heft 5, S. 360-365.

(20) Doty, W., und B.J. Riley, Untersuchungen des Einbaus von Glanzzusätzen 2. Klasse in elektrolytische Nickelnieder=schläge mit Hilfe der radioaktiven Spurenmethode, Journal of the electrochemical Society 114(1967)1, S. 50-54.

(21) Saubestre, E.B., The Chemistry of bright Nickel plating solutions; Plating 45(1958), S. 1219-1227 (Dezember 1958).

(22) Saubestre, E.B., The Chemistry of Watts Nickel Plating solutions; Plating 45(1958), S. 927-936 (September 1958).

(23) Waite, H.V., und B.P. Martin, U.S.-Patent 2254161 (1941).

(24) Wild, P.W., Verhalten von Laurylsulfat im Nickelbad, Galvanotechnik 61(1970)7, S. 538-540.

(25) DIN 50 981 (Entwurf Juli 1975), Magnetische Verfahren zur Messung der Dicken von nichtferromagnetischen Schich=ten auf ferromagnetischem Werkstoff.

(26) Kutzelnigg, A., Die Prüfung metallischer Überzüge, 2. Auflage 1965, S. 107, Eugen G. Leuze Verlag Saulgau/Württ.

(27) Kloetz, G., Das Korrosionsverhalten von Kadmium- und Zinküberzügen in Gegenwart von Ammoniak, Essigsäure, Phenol und Formaldehyd ; Galvanotechnik 56(1965)9, S. 514-532 und Kloetz, G. und J. Jordan, Verhalten von nachbehandelten Zink- und Kadmiumüberzügen auf Stahl in Gegenwart von Preßmassen auf Phenolharzbasis; Galvanotechnik 54(1963)10, S. 556-563.

(28) Biestek, T., und S. Sekowski, Methoden zur Prüfung metallischer Überzüge ; Eugen G. Leuze Verlag, Saulgau/Württ., 1973, S. 293-355.

(29) Du Rose, A.H., und W.J. Pierce, Met. Fin. 57(1959), S. 44.

(30) Schattauer, H., Untersuchungen über den Einfluß der Wasserhärte auf die Korrosionsbeständigkeit von Nickelschichten durch den Corrodkote-Test ; Neue Hütte 16(1971)2, S. 759-760.

(31) Gray, A.G., und H.W. Dettner, Neuzeitliche galvanische Metallabscheidung ; Carl Hanser Verlag München 1957, S. 49 ff.

9. Anhang

9.1 Tabellen

9.1.1 Glanz

Glanzzusatz	Bezeichnung der Bleche	Strom= dichte in A/dm^2	Konzentration des Glanzzu= satzes in g/l	Glanz in %
Benzolsulfon= amid	A.1.0	1	0	7
	A.1.1	1	0,2	43
	A.1.2	1	0,4	50
	A.1.3	1	0,8	28
	A.2.0	2	0	18
	A.2.1	2	0,2	48
	A.2.2	2	0,4	56
	A.2.3	2	0,8	26
	A.3.0	8	0	14
	A.3.1	8	0,2	39
	A.3.2	8	0,4	43
	A.3.3	8	0,8	28
p- Toluol= sulfonamid	B.1.0	1	0	4
	B.1.1	1	0,4	4
	B.1.2	1	0,5	20
	B.1.3	1	0,8	50
	B.2.0	2	0	18
	B.2.1	2	0,4	55
	B.2.2	2	0,5	58
	B.2.3	2	0,8	58
	B.3.0	8	0	14
	B.3.1	8	0,4	46
	B.3.2	8	0,5	44
	B.3.3	8	0,8	52
Saccharin	C.1.0	1	0	10
	C.1.1	1	0,15	43
	C.1.2	1	1,0	45
	C.1.3	1	1,5	49

Glanzzusatz	Bezeichnung der Bleche	Strom= dichte in A/dm^2	Konzentration des Glanzzu= satzes in g/l	Glanz in %
Saccharin	C.2.0	2	0	15
	C.2.1	2	0,15	49
	C.2.2	2	1,0	51
	C.2.3	2	1,5	54
	C.3.0	8	0	19
	C.3.1	8	0,15	48
	C.3.2	8	1,0	44
	C.3.3	8	1,5	52
o-Benzaldehyd= sulfonsäure, Natriumsalz	D.1.0	1	0	4
	D.1.1	1	0,6	53
	D.1.2	1	1,2	40
	D.1.3	1	1,8	61
	D.2.0	2	0	16
	D.2.1	2	0,6	62
	D.2.2	2	1,2	60
	D.2.3	2	1,8	61
	D.3.0	8	0	12
	D.3.1	8	0,6	50
	D.3.2	8	1,2	58
	D.3.3	8	1,8	56
Benzol-1,3-disulfonsäure, Dinatriumsalz	E.1.0	1	0	2
	E.1.1	1	0,2	18
	E.1.2	1	0,5	6
	E.1.3	1	1,0	4
	E.2.0	2	0	12
	E.2.1	2	0,2	3
	E.2.2	2	0,5	9
	E.2.3	2	1,0	12
	E.3.0	8	0	16
	E.3.1	8	0,2	17
	E.3.2	8	0,5	19
	E.3.3	8	1,0	26

Glanzzusatz	Bezeichnung der Bleche	Strom= dichte in A/dm^2	Konzentration des Glanzzu= satzes in g/l	Glanz in %
Naphthalintri= sulfonsäure, Trinatriumsalz	F.1.0	1	0	2
	F.1.1	1	0,4	57
	F.1.2	1	1,0	31
	F.1.3	1	2,0	43
	F.2.0	2	0	12
	F.2.1	2	0,4	53
	F.2.2	2	1,0	58
	F.2.3	2	2,0	57
	F.3.0	8	0	15
	F.3.1	8	0,4	45
	F.3.2	8	1,0	46
	F.3.3	8	2,0	45
Thioharnstoff	G.1.0	1	0	2
	G.1.1	1	0,2	25
	G.1.2	1	0,5	61
	G.1.3	1	1,0	40
	G.2.0	2	0	14
	G.2.1	2	0,2	20
	G.2.2	2	0,5	25
	G.2.3	2	1,0	6
	G.3.0	8	0	17
	G.3.1	8	0,2	17
	G.3.2	8	0,5	72
	G.3.3	8	1,0	58
3-Butin-2-ol (45-50%-ige Lösung in Wasser)	H.1.0	1	0	9
	H.1.1	1	0,1	34
	H.1.2	1	0,2	39
	H.1.3	1	0,8	75
	H.2.0	2	0	16
	H.2.1	2	0,1	20
	H.2.2	2	0,2	34
	H.2.3	2	0,8	59

Glanzzusatz	Bezeichnung der Bleche	Strom= dichte in A/dm²	Konzentration des Glanzzu= satzes in g/l	Glanz in %
3-Butin-2-ol (45-50%-ige Lösung in Wasser)	H.3.0	8	0	12
	H.3.1	8	0,1	15
	H.3.2	8	0,2	18
	H.3.3	8	0,8	25
2-Butin-1,4-diol	J.1.0	1	0	10
	J.1.1	1	0,1	35
	J.1.2	1	0,2	50
	J.1.3	1	0,8	68
	J.2.0	2	0	14
	J.2.1	2	0,1	25
	J.2.2	2	0,2	46
	J.2.3	2	0,8	68
	J.3.0	8	0	12
	J.3.1	8	0,1	18
	J.3.2	8	0,2	33
	J.3.3	8	0,8	59
3-Hexin-2,5-diol	K.1.0	1	0	4
	K.1.1	1	1,6	72
	K.1.2	1	2,0	83
	K.1.3	1	2,4	62
	K.2.0	2	0	18
	K.2.1	2	1,6	74
	K.2.2	2	2,0	82
	K.2.3	2	2,4	80
	K.3.0	8	0	17
	K.3.1	8	1,6	68
	K.3.2	8	2,0	80
	K.3.3	8	2,4	76
Cumarin	L.1.0	1	0	8
	L.1.1	1	0,05	17
	L.1.2	1	0,1	22
	L.1.3	1	0,5	31

Glanzzusatz	Bezeichnung der Bleche	Strom= dichte in A/dm^2	Konzentration des Glanzzu= satzes in g/l	Glanz in %
Cumarin	L.2.0	2	0	14
	L.2.1	2	0,05	7
	L.2.2	2	0,1	20
	L.2.3	2	0,5	46
	L.3.0	8	0	11
	L.3.1	8	0,05	22
	L.3.2	8	0,1	35
	L.3.3	8	0,5	58
Benzolsulfon= amid + 3-Butin-2-ol	M.1.0	1	0	10
	M.1.1	1	0,4 + 0,2	77
	M.1.2	1	0,8 + 0,2	68
	M.1.3	1	1,6 + 0,2	46
	M.2.0	2	0	9
	M.2.1	2	0,4 + 0,2	67
	M.2.2	2	0,8 + 0,2	73
	M.2.3	2	1,6 + 0,2	46
	M.3.0	8	0	20
	M.3.1	8	0,4 + 0,2	80
	M.3.2	8	0,8 + 0,2	45
	M.3.3	8	1,6 + 0,2	35
Benzolsulfon= amid + 2-Butin-1,4-diol	N.1.0	1	0	3
	N.1.1	1	0,2 + 0,4	53
	N.1.2	1	0,4 + 0,4	78
	N.1.3	1	0,8 + 0,4	88
	N.2.0	2	0	15
	N.2.1	2	0,2 + 0,4	40
	N.2.2	2	0,4 + 0,4	82
	N.2.3	2	0,8 + 0,4	87
	N.3.0	8	0	13
	N.3.1	8	0,2 + 0,4	66
	N.3.2	8	0,4 + 0,4	66
	N.3.3	8	0,8 + 0,4	78

Glanzzusatz	Bezeichnung der Bleche	Strom= dichte in A/dm^2	Konzentration des Glanzzu= satzes in g/l	Glanz in %
Benzolsulfon= amid + 3-Hexin-2,5-diol	O.1.0	1	0	4
	O.1.1	1	0,2 + 0,4	76
	O.1.2	1	0,4 + 0,4	71
	O.1.3	1	0,8 + 0,4	55
	O.2.0	2	0	12
	O.2.1	2	0,2 + 0,4	61
	O.2.2	2	0,4 + 0,4	46
	O.2.3	2	0,8 + 0,4	35
	O.3.0	8	0	12
	O.3.1	8	0,2 + 0,4	37
	O.3.2	8	0,4 + 0,4	30
	O.3.3	8	0,8 + 0,4	23
Saccharin + 3-Butin-2-ol	P.1.0	1	0	3
	P.1.1	1	1,0 + 0,2	80
	P.1.2	1	1,4 + 0,2	78
	P.1.3	1	2,0 + 0,2	75
	P.2.0	2	0	10
	P.2.1	2	1,0 + 0,2	75
	P.2.2	2	1,4 + 0,2	52
	P.2.3	2	2,0 + 0,2	63
	P.3.0	8	0	14
	P.3.1	8	1,0 + 0,2	65
	P.3.2	8	1,4 + 0,2	65
	P.3.3	8	2,0 + 0,2	64
Saccharin + 2-Butin-1,4-diol (1:1)	Q.1.0	1	0	7
	Q.1.1	1	0,4 + 0,4	24
	Q.1.2	1	0,8 + 0,8	64
	Q.1.3	1	1,6 + 1,6	70
	Q.2.0	2	0	14
	Q.2.1	2	0,4 + 0,4	77
	Q.2.2	2	0,8 + 0,8	80
	Q.2.3	2	1,6 + 1,6	78

Glanzzusatz	Bezeichnung der Bleche	Strom=dichte in A/dm^2	Konzentration des Glanzzu=satzes in g/l	Glanz in %
Saccharin + 2-Butin-1,4-diol (1:1)	Q.3.0	8	0	11
	Q.3.1	8	0,4 + 0,4	73
	Q.3.2	8	0,8 + 0,8	70
	Q.3.3	8	1,6 + 1,6	80
Saccharin + 2-Butin-1,4-diol (1:2)	R.1.0	1	0	6
	R.1.1	1	0,2 + 0,4	78
	R.1.2	1	0,4 + 0,8	83
	R.1.3	1	0,8 + 1,6	84
	R.2.0	2	0	9
	R.2.1	2	0,2 + 0,4	81
	R.2.2	2	0,4 + 0,8	81
	R.2.3	2	0,8 + 1,6	82
	R.3.0	8	0	11
	R.3.1	8	0,2 + 0,4	83
	R.3.2	8	0,4 + 0,8	81
	R.3.3	8	0,8 + 1,6	85
Saccharin + 2-Butin-1,4-diol (2:1)	S.1.0	1	0	4
	S.1.1	1	0,4 + 0,2	37
	S.1.2	1	0,8 + 0,4	65
	S.1.3	1	1,6 + 0,8	72
	S.2.0	2	0	8
	S.2.1	2	0,4 + 0,2	73
	S.2.2	2	0,8 + 0,4	77
	S.2.3	2	1,6 + 0,8	80
	S.3.0	8	0	16
	S.3.1	8	0,4 + 0,2	76
	S.3.2	8	0,8 + 0,4	76
	S.3.3	8	1,6 + 0,8	82

Glanzzusatz	Bezeichnung der Bleche	Strom= dichte in A/dm^2	Konzentration des Glanzzu= satzes in g/l	Glanz in %
Saccharin + 2-Butin-1,4-diol (5:4)	T.1.0	1	0	8
	T.1.1	1	0,5 + 0,4	74
	T.1.2	1	1,0 + 0,8	80
	T.1.3	1	2,0 + 1,6	77
	T.2.0	2	0	11
	T.2.1	2	0,5 + 0,4	75
	T.2.2	2	1,0 + 0,8	77
	T.2.3	2	2,0 + 1,6	79
	T.3.0	8	0	9
	T.3.1	8	0,5 + 0,4	74
	T.3.2	8	1,0 + 0,8	83
	T.3.3	8	2,0 + 1,6	76
Saccharin + 3-Hexin-2,5-diol	U.1.0	1	0	6
	U.1.1	1	0,4 + 0,2	78
	U.1.2	1	0,8 + 0,2	84
	U.1.3	1	1,6 + 0,2	82
	U.2.0	2	0	14
	U.2.1	2	0,4 + 0,2	70
	U.2.2	2	0,8 + 0,2	73
	U.2.3	2	1,6 + 0,2	68
	U.3.0	8	0	10
	U.3.1	8	0,4 + 0,2	67
	U.3.2	8	0,8 + 0,2	82
	U.3.3	8	1,6 + 0,2	75
o-Benzaldehyd= sulfonsäure (Na-salz) + 2-Butin-1,4-diol	V.1.0	1	0	10
	V.1.1	1	0,6 + 0,4	81
	V.1.2	1	1,2 + 0,4	80
	V.1.3	1	1,8 + 0,4	84
	V.2.0	2	0	18
	V.2.1	2	0,6 + 0,4	74
	V.2.2	2	1,2 + 0,4	82
	V.2.3	2	1,8 + 0,4	84

Glanzzusatz	Bezeichnung der Bleche	Strom= dichte in A/dm^2	Konzentration des Glanzzu= satzes in g/l	Glanz in %
o-Benzaldehyd= sulfonsäure (Na-salz) + 2-Butin-1,4-diol	V.3.0	8	0	13
	V.3.1	8	0,6 + 0,4	84
	V.3.2	8	1,2 + 0,4	85
	V.3.3	8	1,8 + 0,4	86
Naphthalintri= sulfonsäure (Trinatriumsalz) + 2-Butin-1,4-diol	W.1.0	1	0	9
	W.1.1	1	0,4 + 0,4	75
	W.1.2	1	1,0 + 0,4	53
	W.1.3	1	2,0 + 0,4	73
	W.2.0	2	0	9
	W.2.1	2	0,4 + 0,4	77
	W.2.2	2	1,0 + 0,4	65
	W.2.3	2	2,0 + 0,4	51
	W.3.0	8	0	10
	W.3.1	8	0,4 + 0,4	65
	W.3.2	8	1,0 + 0,4	66
	W.3.3	8	2,0 + 0,4	48

Die Glanzwerte an der Oberfläche vorbehandelter, unvernickelter Probebleche lagen unter gleichen Meßbedingungen bei 46-48 %.

9.1.2 **Ergebnisse der Salzsprühnebelprüfung CASS DIN 50 021**

Glanzzusatz und Bezeichnung der Bleche	Strom= dichte in A/dm²	Konzen= tration des Glanz= zusatzes in g/l	Anzahl der Quadra= te mit Fehl= stellen = n	Häufig= keit n/N x 100%	CASS-Bewer= tungs= zahl
Benzol= sulfonamid					
A.1.0.1	1	0	43	19,1	2
A.1.1.1	1	0,2	33	14,7	3
A.1.2.1	1	0,4	39	17,3	2
A.1.3.1	1	0,8	102	45,3	1
A.2.0.1	2	0	37	16,4	2
A.2.1.1	2	0,2	57	25,3	1
A.2.2.1	2	0,4	55	24,4	2
A.2.3.1	2	0,8	36	16	3
A.3.0.1	8	0	35	15,6	3
A.3.1.1	8	0,2	87	38,7	1
A.3.2.1	8	0,4	52	23,1	2
A.3.3.1	8	0,8	16	7,1	4
p-Toluol= sulfon= amid					
B.1.0.1	1	0	56	24,9	2
B.1.1.1	1	0,4	98	43,6	1
B.1.2.1	1	0,5	55	24,4	2
B.1.3.1	1	0,8	108	48	1
B.2.0.1	2	0	35	15,6	3
B.2.1.1	2	0,4	51	22,7	2
B.2.2.1	2	0,5	56	24,9	2
B.2.3.1	2	0,8	23	10,2	3
B.3.0.1	8	0	36	16	3
B.3.1.1	8	0,4	75	33,3	1
B.3.2.1	8	0,5	87	38,7	1
B.3.3.1	8	0,8	55	24,4	2
Saccharin					
C.1.0.1	1	0	47	20,9	2
C.1.1.1	1	0,15	92	40,9	1
C.1.2.1	1	1,0	107	47,6	1
C.1.3.1	1	1,5	117	52	1
C.2.0.1	2	0	35	15,6	3
C.2.1.1	2	0,15	118	52,4	1
C.2.2.1	2	1,0	61	27,1	2
C.2.3.1	2	1,5	67	29,8	2

Glanzzusatz und Bezeichnung der Bleche	Strom= dichte in A/dm^2	Konzen= tration des Glanz= zusatzes in g/l	Anzahl der Quadra= te mit Fehl= stellen = n	Häufig= keit n/N x 100%	CASS-Bewer= tungs= zahl
Saccharin					
C.3.0.1	8	0	51	22,6	2
C.3.1.1	8	0,15	64	28,4	2
C.3.2.1	8	1,0	111	49,3	1
C.3.3.1	8	1,5	106	47,1	1
o-Benzal= dehydsul= fonsäure, Natrium= salz					
D.1.0.1	1	0	40	17,8	2
D.1.1.1	1	0,6	117	52	1
D.1.2.1	1	1,2	110	48,9	1
D.1.3.1	1	1,8	78	34,7	1
D.2.0.1	2	0	35	15,6	3
D.2.1.1	2	0,6	92	40,9	1
D.2.2.1	2	1,2	127	56,4	1
D.2.3.1	2	1,8	45	20,0	2
D.3.0.1	8	0	39	17,3	2
D.3.1.1	8	0,6	90	40,0	1
D.3.2.1	8	1,2	93	41,3	1
D.3.3.1	8	1,8	93	41,3	1
Benzol= -1,3-di= sulfon= säure, Di= natriumsalz					
E.1.0.1	1	0	40	17,8	2
E.1.1.1	1	0,2	78	34,7	1
E.1.2.1	1	0,5	120	53,3	1
E.1.3.1	1	1,0	147	65,3	0
E.2.0.1	2	0	53	23,6	2
E.2.1.1	2	0,2	85	37,8	1
E.2.2.1	2	0,5	131	58,2	1
E.2.3.1	2	1,0	164	72,9	0
E.3.0.1	8	0	38	16,9	2
E.3.1.1	8	0,2	125	55,6	1
E.3.2.1	8	0,5	66	29,3	2
E.3.3.1	8	1,0	94	41,8	1

Glanzzusatz und Bezeichnung der Bleche	Strom= dichte in A/dm^2	Konzen= tration des Glanz= zusatzes in g/l	Anzahl der Quadra= te mit Fehl= stellen = n	Häufig= keit n/N x 100%	CASS-Bewer= tungs= zahl
Naphthalin= trisulfon= säure, Tri= natriumsalz					
F.1.0.1	1	0	43	19,1	2
F.1.1.1	1	0,4	62	27,6	2
F.1.2.1	1	1,0	56	24,9	2
F.1.3.1	1	2,0	51	22,7	2
F.2.0.1	2	0	37	16,4	2
F.2.1.1	2	0,4	55	24,4	2
F.2.2.1	2	1,0	32	14,2	3
F.2.3.1	2	2,0	22	9,8	3
F.3.0.1	8	0	39	17,3	2
F.3.1.1	8	0,4	38	16,9	2
F.3.2.1	8	1,0	29	12,9	3
F.3.3.1	8	2,0	19	8,4	3
Thioharn= stoff					
G.1.0.1	1	0	49	21,8	2
G.1.1.1	1	0,2	195	86,7	0
G.1.2.1	1	0,5	208	92,4	0
G.1.3.1	1	1,0	210	93,3	0
G.2.0.1	2	0	47	20,9	2
G.2.1.1	2	0,2	178	79,1	0
G.2.2.1	2	0,5	207	92,0	0
G.2.3.1	2	1,0	220	97,8	0
G.3.0.1	8	0	35	15,6	3
G.3.1.1	8	0,2	215	95,6	0
G.3.2.1	8	0,5	220	97,8	0
G.3.3.1	8	1,0	224	99,6	0
3-Butin-2-ol					
H.1.0.1	1	0	50	22,2	2
H.1.1.1	1	0,1	43	19,1	2
H.1.2.1	1	0,2	38	16,9	2
H.1.3.1	1	0,8	116	51,6	1
H.2.0.1	2	0	53	23,6	2
H.2.1.1	2	0,1	64	28,4	2
H.2.2.1	2	0,2	56	24,9	2
H.2.3.1	2	0,8	34	15,1	3
H.3.0.1	8	0	53	23,6	2
H.3.1.1	8	0,1	150	66,7	0
H.3.2.1	8	0,2	48	21,3	2
H.3.3.1	8	0,8	45	20,0	2

Glanzzusatz und Bezeichnung der Bleche	Strom=dichte in A/dm^2	Konzen=tration des Glanz=zusatzes in g/l	Anzahl der Quadra=te mit Fehl=stellen = n	Häufig=keit n/N x 100%	CASS-Bewer=tungs=zahl
2-Butin-1,4-diol					
J.1.0.1	1	0	54	24	2
J.1.1.1	1	0,1	42	18,7	2
J.1.2.1	1	0,2	67	29,8	2
J.1.3.1	1	0,8	198	88,0	0
J.2.0.1	2	0	52	23,1	2
J.2.1.1	2	0,1	45	20	2
J.2.2.1	2	0,2	54	24	2
J.2.3.1	2	0,8	180	80	0
J.3.0.1	8	0	50	22,2	2
J.3.1.1	8	0,1	49	21,8	2
J.3.2.1	8	0,2	43	19,1	2
J.3.3.1	8	0,8	139	61,8	1
3-Hexin-2,5-diol					
K.1.0.1	1	0	44	19,6	2
K.1.1.1	1	1,6	31	13,8	3
K.1.2.1	1	2,0	42	18,7	2
K.1.3.1	1	2,4	78	34,7	1
K.2.0.1	2	0	36	16,0	3
K.2.1.1	2	1,6	28	12,4	3
K.2.2.1	2	2,0	34	15,1	3
K.2.3.1	2	2,4	52	23,1	2
K.3.0.1	8	0	34	15,1	3
K.3.1.1	8	1,6	68	30,2	2
K.3.2.1	8	2,0	160	71,1	0
K.3.3.1	8	2,4	170	75,6	0
Cumarin					
L.1.0.1	1	0	50	22,2	2
L.1.1.1	1	0,05	35	15,5	3
L.1.2.1	1	0,1	49	21,8	2
L.1.3.1	1	0,5	60	26,7	2
L.2.0.1	2	0	35	15,5	3
L.2.1.1	2	0,05	28	12,4	3
L.2.2.1	2	0,1	31	13,8	3
L.2.3.1	2	0,5	56	24,9	2
L.3.0.1	8	0	39	17,3	2
L.3.1.1	8	0,05	44	19,6	2
L.3.2.1	8	0,1	59	26,2	2
L.3.3.1	8	0,5	73	32,4	1

Glanzzusatz und Bezeichnung der Bleche	Strom= dichte in A/dm^2	Konzen= tration des Glanz= zusatzes in g/l	Anzahl der Quadra= te mit Fehl= stellen = n	Häufig= keit n/N x 100%	CASS- Bewer= tungs= zahl
Benzolsul= fonamid + 3-Butin-2-ol					
M.1.0.1	1	0	47	20,9	2
M.1.1.1	1	0,4+0,2	73	32,4	1
M.1.2.1	1	0,8+0,2	88	39,1	1
M.1.3.1	1	1,6+0,2	170	75,6	0
M.2.0.1	2	0	42	18,7	2
M.2.1.1	2	0,4+0,2	53	23,6	2
M.2.2.1	2	0,8+0,2	54	24,0	2
M.2.3.1	2	1,6+0,2	46	20,4	2
M.3.0.1	8	0	35	15,6	3
M.3.1.1	8	0,4+0,2	63	28,0	2
M.3.2.1	8	0,8+0,2	73	32,4	1
M.3.3.1	8	1,6+0,2	84	37,3	1
Benzolsul= fonamid + 2-Butin-1,4-diol					
N.1.0.1	1	0	45	20,0	2
N.1.1.1	1	0,2+0,4	72	32,0	2
N.1.2.1	1	0,4+0,4	136	60,4	1
N.1.3.1	1	0,8+0,4	209	92,9	0
N.2.0.1	2	0	35	15,6	3
N.2.1.1	2	0,2+0,4	30	13,3	3
N.2.2.1	2	0,4+0,4	46	20,4	2
N.2.3.1	2	0,8+0,4	76	33,8	1
N.3.0.1	8	0	58	25,8	2
N.3.1.1	8	0,2+0,4	65	28,9	2
N.3.2.1	8	0,4+0,4	26	11,6	3
N.3.3.1	8	0,8+0,4	30	13,3	3
Benzolsul= fonamid + 3-Hexin-2,5-diol					
O.1.0.1	1	0	42	18,7	2
O.1.1.1	1	0,2+0,4	44	19,6	2
O.1.2.1	1	0,4+0,4	47	20,9	2
O.1.3.1	1	0,8+0,4	123	54,7	1
O.2.0.1	2	0	33	14,7	3
O.2.1.1	2	0,2+0,4	42	18,7	2
O.2.2.1	2	0,4+0,4	50	22,2	2
O.2.3.1	2	0,8+0,4	66	29,3	2

Glanzzusatz und Bezeichnung der Bleche	Strom= dichte in A/dm^2	Konzen= tration des Glanz= zusatzes in g/l	Anzahl der Quadra= te mit Fehl= stellen = n	Häufig= keit n/N x 100%	Cass-Bewer= tungs= zahl
Benzolsul= fonamid + 3-Hexin-2,5-diol					
O.3.0.1	8	0	36	16,0	3
O.3.1.1	8	0,2+0,4	81	36,0	1
O.3.2.1	8	0,4+0,4	60	26,7	2
O.3.3.1	8	0,8+0,4	64	28,4	2
Saccharin + 3-Butin-2-ol					
P.1.0.1	1	0	48	21,3	2
P.1.1.1	1	1,0+0,2	54	24,0	2
P.1.2.1	1	1,4+0,2	63	28,0	2
P.1.3.1	1	2,0+0,2	84	37,3	1
P.2.0.1	2	0	53	23,6	2
P.2.1.1	2	1,0+0,2	84	37,3	1
P.2.2.1	2	1,4+0,2	108	48,0	1
P.2.3.1	2	2,0+0,2	44	19,6	2
P.3.0.1	8	0	37	16,4	2
P.3.1.1	8	1,0+0,2	60	26,7	2
P.3.2.1	8	1,4+0,2	64	28,4	2
P.3.3.1	8	2,0+0,2	74	32,9	1
Saccharin + 2-Butin-1,4-diol (1:1)					
Q.1.0.1	1	0	42	18,7	2
Q.1.1.1	1	0,4+0,4	43	19,1	2
Q.1.2.1	1	0,8+0,8	75	33,3	1
Q.1.3.1	1	1,6+1,6	89	39,6	1
Q.2.0.1	2	0	35	15,6	3
Q.2.1.1	2	0,4+0,4	98	43,6	1
Q.2.2.1	2	0,8+0,8	108	48,0	1
Q.2.3.1	2	1,6+1,6	88	39,1	1
Q.3.0.1	8	0	43	19,1	2
Q.3.1.1	8	0,4+0,4	33	14,7	3
Q.3.2.1	8	0,8+0,8	72	32,0	2
Q.3.3.1	8	1,6+1,6	109	48,4	1

Glanzzusatz und Bezeichnung der Bleche	Strom= dichte in A/dm²	Konzen= tration des Glanz= zusatzes in g/l	Anzahl der Quadra= te mit Fehl= stellen = n	Häufig= keit n/N x 100%	CASS- bewer= tungs= zahl
Saccharin + 2-Butin-1,4-diol (1:2)					
R.1.0.1	1	0	39	17,3	2
R.1.1.1	1	0,2+0,4	105	46,7	1
R.1.2.1	1	0,4+0,8	87	38,7	1
R.1.3.1	1	0,8+1,6	69	30,7	2
R.2.0.1	2	0	35	15,6	3
R.2.1.1	2	0,2+0,4	88	39,1	1
R.2.2.1	2	0,4+0,8	84	37,3	1
R.2.3.1	2	0,8+1,6	92	40,9	1
R.3.0.1	8	0	37	16,4	2
R.3.1.1	8	0,2+0,4	78	34,7	1
R.3.2.1	8	0,4+0,8	79	35,1	1
R.3.3.1	8	0,8+1,6	99	44,0	1
Saccharin + 2-Butin-1,4-diol (2:1)					
S.1.0.1	1	0	58	25,8	2
S.1.1.1	1	0,4+0,2	75	33,3	1
S.1.2.1	1	0,8+0,4	77	34,2	1
S.1.3.1	1	1,6+0,8	81	36,0	1
S.2.0.1	2	0	43	19,1	2
S.2.1.1	2	0,4+0,2	149	66,2	0
S.2.2.1	2	0,8+0,4	192	85,3	0
S.2.3.1	2	1,6+0,8	90	40,0	1
S.3.0.1	8	0	41	18,2	2
S.3.1.1	8	0,4+0,2	66	29,3	2
S.3.2.1	8	0,8+0,4	75	33,3	1
S.3.3.1	8	1,6+0,8	95	42,2	1
Saccharin + 2-Butin-1,4-diol (5:4)					
T.1.0.1	1	0	43	19,1	2
T.1.1.1	1	0,5+0,4	81	36,0	1
T.1.2.1	1	1,0+0,8	82	36,4	1
T.1.3.1	1	2,0+1,6	180	80,0	0
T.2.0.1	2	0	48	21,3	2
T.2.1.1	2	0,5+0,4	47	20,9	2
T.2.2.1	2	1,0+0,8	70	31,1	2
T.2.3.1	2	2,0+1,6	56	24,9	2

Glanzzusatz und Bezeichnung der Bleche	Strom= dichte in A/dm^2	Konzen= tration des Glanz= zusatzes in g/l	Anzahl der Quadra= te mit Fehl= stellen = n	Häufig= keit n/N x 100%	CASS-Bewer= tungs= zahl
Saccharin + 2-Butin-1,4-diol (5:4)					
T.3.0.1	8	0	35	15,7	3
T.3.1.1	8	0,5+0,4	52	23,1	2
T.3.2.1	8	1,0+0,8	51	22,7	2
T.3.3.1	8	2,0+1,6	78	34,7	1
Saccharin + 3-Hexin-2,5-diol					
U.1.0.1	1	0	46	20,4	2
U.1.1.1	1	0,4+0,2	103	45,8	1
U.1.2.1	1	0,8+0,2	122	54,2	1
U.1.3.1	1	1,6+0,2	141	62,7	1
U.2.0.1	2	0	44	19,6	2
U.2.1.1	2	0,4+0,2	98	43,6	1
U.2.2.1	2	0,8+0,2	103	45,8	1
U.2.3.1	2	1,6+0,2	98	43,6	1
U.3.0.1	8	0	57	25,3	2
U.3.1.1	8	0,4+0,2	71	31,6	2
U.3.2.1	8	0,8+0,2	87	38,7	1
U.3.3.1	8	1,6+0,2	102	45,3	1
o-Benzalde= hydsulfon= säure (Na-salz) + 2-Butin-1,4-diol					
V.1.0.1	1	0	52	23,1	2
V.1.1.1	1	0,6+0,4	203	90,2	0
V.1.2.1	1	1,2+0,4	16	7,1	4
V.1.3.1	1	1,8+0,4	76	33,8	1
V.2.0.1	2	0	43	19,1	2
V.2.1.1	2	0,6+0,4	155	68,9	0
V.2.2.1	2	1,2+0,4	14	6,2	4
V.2.3.1	2	1,8+0,4	41	18,2	2
V.3.0.1	8	0	37	16,4	2
V.3.1.1	8	0,6+0,4	91	40,4	1
V.3.2.1	8	1,2+0,4	62	27,6	2
V.3.3.1	8	1,8+0,4	55	24,4	2

Glanzzusatz und Bezeichnung der Bleche	Strom=dichte in A/dm^2	Konzen=tration des Glanz=zusatzes in g/l	Anzahl der Quadra=te mit Fehl=stellen = n	Häufig=keit n/N x 100%	CASS-Bewer=tungs=zahl
Naphthalin=trisulfon=säure, Tri=natriumsalz + 2-Butin-1,4-diol					
W.1.0.1	1	0	51	22,7	2
W.1.1.1	1	0,4+0,4	197	87,6	0
W.1.2.1	1	1,0+0,4	51	22,7	2
W.1.3.1	1	2,0+0,4	40	17,8	2
W.2.0.1	2	0	49	21,8	2
W.2.1.1	2	0,4+0,4	92	40,9	1
W.2.2.1	2	1,0+0,4	43	19,1	2
W.2.3.1	2	2,0+0,4	71	31,6	2
W.3.0.1	8	0	55	24,4	2
W.3.1.1	8	0,4+0,4	45	20,0	2
W.3.2.1	8	1,0+0,4	50	22,2	2
W.3.3.1	8	2,0+0,4	50	22,2	2

9.1.3 Ergebnisse der Korrosionsprüfung nach DIN 50 958 --- Modifiziertes CORRODKOTE - Verfahren

Entsprechend den zwei Auswertungen beim Corrodkote - Verfahren sind die "Anzahl der Quadrate mit Fehlstellen", die "Häufigkeit" und die "Corrodkote - Bewertungszahl" in

a = Auswertung ohne Paste und

b = Auswertung mit Paste unterteilt.

Glanzzusatz und Bezeichnung der Bleche	Strom= dichte in A/dm^2	Konzen= tration des Glanz= zusatzes in g/l	Anzahl der Quadra= te mit Fehl= stellen = n	Häufig= keit n/N x 100%	Corrod= cote- Bewer= tungs= zahl
Benzolsul= fonamid					
A.1.0.2	1	0	a 64	a 28,4	a 2
			b 122	b 54,2	b 1
A.1.1.2	1	0,2	a 13	a 5,8	a 4
			b 2	b 0,9	b 7
A.1.2.2	1	0,4	a 19	a 8,4	a 3
			b 15	b 6,7	b 4
A.1.3.2	1	0,8	a 22	a 9,8	a 3
			b 21	b 9,3	b 3
A.2.0.2	2	0	a 80	a 35,6	a 1
			b 128	b 56,8	b 1
A.2.1.2	2	0,2	a 19	a 8,4	a 3
			b 45	b 20,0	b 2
A.2.2.2	2	0,4	a 17	a 7,6	a 4
			b 37	b 16,4	b 2
A.2.3.2	2	0,8	a 1	a 0,4	a 8
			b 4	b 1,8	b 6
A.3.0.2	8	0	a 47	a 20,9	a 2
			b 88	b 39,1	b 1
A.3.1.2	8	0,2	a 17	a 7,6	a 4
			b 6	b 2,7	b 5
A.3.2.2	8	0,4	a 14	a 6,2	a 4
			b 5	b 2,2	b 5
A.3.3.2	8	0,8	a 13	a 5,8	a 4
			b 13	b 5,8	a 4

Glanzzusatz und Bezeichnung der Bleche	Strom= dichte in A/dm^2	Konzen= tration des Glanz= zusatzes in g/l	Anzahl der Quadra= te mit Fehl= stellen = n	Häufig= keit n/N x 100%	Corrod= kote- Bewer= tungs= zahl
p-Toluol= sulfonamid					
B.1.0.2	1	0	a 63 b 133	a 28,0 b 59,1	a 2 b 1
B.1.1.2	1	0,4	a 136 b 193	a 60,4 b 85,8	a 1 b 0
B.1.2.2	1	0,5	a 12 b 27	a 5,3 b 12,0	a 4 b 3
B.1.3.2	1	0,8	a 120 b 125	a 53,3 b 55,6	a 1 b 1
B.2.0.2	2	0	a 83 b 128	a 36,9 b 56,9	a 1 b 1
B.2.1.2	2	0,4	a 10 b 14	a 4,4 b 6,2	a 4 b 4
B.2.2.2	2	0,5	a 18 b 19	a 8,0 b 8,4	a 4 b 3
B.2.3.2	2	0,8	a 3 b 4	a 1,3 b 1,8	a 6 b 6
B.3.0.2	8	0	a 67 b 92	a 29,8 b 40,9	a 2 b 1
B.3.1.2	8	0,4	a 12 b 22	a 5,3 b 9,8	a 4 b 3
B.3.2.2	8	0,5	a 97 b 117	a 43,1 b 52,0	a 1 b 1
B.3.3.2	8	0,8	a 45 b 62	a 20,0 b 27,6	a 2 b 2
Saccharin					
C.1.0.2	1	0	a 73 b 118	a 32,4 b 52,4	a 2 b 1
C.1.1.2	1	0,15	a 58 b 72	a 25,8 b 32,0	a 2 b 2
C.1.2.2	1	1,0	a 81 b 87	a 36,0 b 38,7	a 1 b 1
C.1.3.2	1	1,5	a 105 b 129	a 46,7 b 57,3	a 1 b 1
C.2.0.2	2	0	a 61 b 110	a 27,1 b 48,9	a 2 b 1
C.2.1.2	2	0,15	a 52 b 54	a 23,1 b 24,0	a 2 b 2
C.2.2.2	2	1,0	a 53 b 65	a 23,6 b 28,9	a 2 b 2

Glanzzusatz und Bezeichnung der Bleche	Strom=dichte in A/dm^2	Konzen=tration des Glanz=zusatzes in g/l	Anzahl der Quadra=te mit Fehl=stellen = n	Häufig=keit n/N x 100%	Corrod=kote-Bewer=tungs=zahl
Saccharin					
C.2.3.2	2	1,5	a 64 b 81	a 28,4 b 36,0	a 2 b 1
C.3.0.2	8	0	a 67 b 67	a 29,8 b 29,8	a 2 b 2
C.3.1.2	8	0,15	a 74 b 125	a 32,9 b 55,6	a 1 b 1
C.3.2.2	8	1,0	a 94 b 143	a 41,8 b 63,6	a 1 b 1
C.3.3.2	8	1,5	a 52 b 76	a 23,1 b 33,8	a 2 b 1
o-Benzal=dehydsul=fonsäure, Na-salz					
D.1.0.2	1	0	a 60 b 113	a 26,7 b 50,2	a 2 b 1
D.1.1.2	1	0,6	a 68 b 92	a 30,2 b 40,9	a 2 b 1
D.1.2.2	1	1,2	a 54 b 101	a 24,0 b 44,8	a 2 b 1
D.1.3.2	1	1,8	a 32 b 58	a 14,2 b 25,8	a 3 b 2
D.2.0.2	2	0	a 61 b 118	a 27,1 b 52,4	a 2 b 1
D.2.1.2	2	0,6	a 20 b 51	a 8,9 b 22,7	a 3 b 2
D.2.2.2	2	1,2	a 146 b 223	a 64,9 b 99,1	a 0 b 0
D.2.3.2	2	1,8	a 50 b 78	a 22,2 b 34,7	a 2 b 1
D.3.0.2	8	0	a 64 b 86	a 28,4 b 38,2	a 2 b 1
D.3.1.2	8	0,6	a 15 b 20	a 6,7 b 8,9	a 4 b 3
D.3.2.2	8	1,2	a 17 b 34	a 7,6 b 15,1	a 4 b 3
D.3.3.2	8	1,8	a 67 b 101	a 29,8 b 44,9	a 2 b 1

Glanzzusatz und Bezeichnung der Bleche	Strom= dichte in A/dm^2	Konzen= tration des Glanz= zusatzes in g/l	Anzahl der Quadra= te mit Fehl= stellen = n	Häufig= keit n/N x 100%	Corrod= kote- Bewer= tungs= zahl
Benzol-1,3-disulfon= säure, Di= natriumsalz					
E.1.0.2	1	0	a 70 b 131	a 31,1 b 58,2	a 2 b 1
E.1.1.2	1	0,2	a 95 b 175	a 42,2 b 77,8	a 1 b 0
E.1.2.2	1	0,5	a 100 b 202	a 44,4 b 89,8	a 1 b 0
E.1.3.2	1	1,0	a 104 b 176	a 46,2 b 78,2	a 1 b 0
E.2.0.2	2	0	a 83 b 140	a 36,9 b 62,2	a 1 b 1
E.2.1.2	2	0,2	a 95 b 201	a 42,2 b 89,3	a 1 b 0
E.2.2.2	2	0,5	a 117 b 163	a 52,2 b 72,4	a 1 b 0
E.2.3.2	2	1,0	a 123 b 217	a 54,7 b 96,4	a 1 b 0
E.3.0.2	8	0	a 60 b 89	a 26,7 b 39,5	a 2 b 1
E.3.1.2	8	0,2	a 126 b 186	a 56,0 b 82,7	a 1 b 0
E.3.2.2	8	0,5	a 98 b 161	a 43,6 b 71,6	a 1 b 0
E.3.3.2	8	1,0	a 116 b 170	a 51,6 b 75,6	a 1 b 0
Naphthalin= trisulfon= säure, Tri= natriumsalz					
F.1.0.2	1	0	a 64 b 113	a 28,4 b 50,2	a 2 b 1
F.1.1.2	1	0,4	a 60 b 85	a 26,7 b 37,8	a 2 b 1
F.1.2.2	1	1,0	a 29 b 36	a 12,9 b 16,0	a 3 b 3
F.1.3.2	1	2,0	a 71 b 161	a 31,6 b 71,6	a 2 b 0

Glanzzusatz und Bezeichnung der Bleche	Strom= dichte in A/dm²	Konzen= tration des Glanz= zusatzes in g/l	Anzahl der Quadra= te mit Fehl= stellen = n	Häufig= keit n/N x 100%	Corrod= kote= bewer= tungs= zahl
Naphthalin= trisulfon= säure, Tri= natriumsalz					
F.2.0.2	2	0	a 62 b 140	a 27,6 b 62,6	a 2 b 1
F.2.1.2	2	0,4	a 146 b 200	a 64,9 b 88,9	a 0 b 0
F.2.2.2	2	1,0	a 117 b 181	a 52,0 b 80,4	a 1 b 0
F.2.3.2	2	2,0	a 93 b 155	a 41,3 b 68,9	a 1 b 0
F.3.0.2	8	0	a 55 b 92	a 24,4 b 40,9	a 2 b 1
F.3.1.2	8	0,4	a 214 b 213	a 95,1 b 94,7	a 0 b 0
F.3.2.2	8	1,0	a 28 b 54	a 12,4 b 24,0	a 3 b 2
F.3.3.2	8	2,0	a 21 b 17	a 9,3 b 7,6	a 3 b 4
Thioharn= stoff					
G.1.0.2	1	0	a 70 b 131	a 31,1 b 58,2	a 2 b 1
G.1.1.2	1	0,2	a 63 b 100	a 28,0 b 44,4	a 2 b 1
G.1.2.2	1	0,5	a 88 b 118	a 39,1 b 52,4	a 1 b 1
G.1.3.2	1	1,0	a 223 b 218	a 99,1 b 96,9	a 0 b 0
G.2.0.2	2	0	a 80 b 135	a 35,6 b 60,0	a 1 b 1
G.2.1.2	2	0,2	a 25 b 69	a 11,1 b 30,7	a 3 b 2
G.2.2.2	2	0,5	a 109 b 124	a 48,4 b 55,1	a 1 b 1
G.2.3.2	2	1,0	a 200 b 207	a 88,9 b 92,0	a 0 b 0

Glanzzusatz und Bezeichnung der Bleche	Strom= dichte in A/dm^2	Konzen= tration des Glanz= zusatzes in g/l	Anzahl der Quadra= te mit Fehl= stellen = n	Häufig= keit n/N x 100%	Corrod= kote- Bewer= tungs= zahl
Thioharn= stoff					
G.3.0.2	8	0	a 54 b 90	a 24,0 b 40,0	a 2 b 1
G.3.1.2	8	0,2	a 205 b 213	a 91,1 b 94,7	a 0 b 0
G.3.2.2	8	0,5	a 210 b 225	a 93,3 b 100,0	a 0 b 0
G.3.3.2	8	1,0	a 225 b 225	a 100,0 b 100,0	a 0 b 0
3-Butin-2-ol					
H.1.0.2	1	0	a 59 b 133	a 26,2 b 59,1	a 2 b 1
H.1.1.2	1	0,1	a 10 b 38	a 4,4 b 16,9	a 4 b 2
H.1.2.2	1	0,2	a 33 b 54	a 14,7 b 24,0	a 3 b 2
H.1.3.2	1	0,8	a 66 b 72	a 29,3 b 32,0	a 2 b 2
H.2.0.2	2	0	a 61 b 120	a 27,1 b 53,3	a 2 b 1
H.2.1.2	2	0,1	a 24 b 78	a 10,7 b 34,7	a 3 b 1
H.2.2.2	2	0,2	a 26 b 84	a 11,6 b 37,3	a 3 b 1
H.2.3.2	2	0,8	a 44 b 80	a 19,6 b 35,6	a 2 b 1
H.3.0.2	8	0	a 52 b 70	a 23,1 b 31,1	a 2 b 2
H.3.1.2	8	0,1	a 137 b 175	a 60,9 b 77,8	a 1 b 0
H.3.2.2	8	0,2	a 45 b 81	a 20,0 b 36,0	a 2 b 1
H.3.3.2	8	0,8	a 16 b 72	a 7,1 b 32,0	a 4 b 2

Glanzzusatz und Bezeichnung der Bleche	Strom= dichte in A/dm^2	Konzen= tration des Glanz= zusatzes in g/l	Anzahl der Quadra= te mit Fehl= stellen = n	Häufig= keit n/N x 100%	Corrod= kote-Bewer= tungs= zahl
2-Butin-1,4-diol					
J.1.0.2	1	0	a 63 b 121	a 28,0 b 53,8	a 2 b 1
J.1.1.2	1	0,1	a 36 b 62	a 16,0 b 27,6	a 3 b 2
J.1.2.2	1	0,2	a 39 b 98	a 17,3 b 43,6	a 2 b 1
J.1.3.2	1	0,8	a 102 b 207	a 45,3 b 92,0	a 1 b 0
J.2.0.2	2	0	a 61 b 118	a 27,1 b 52,4	a 2 b 1
J.2.1.2	2	0,1	a 20 b 42	a 8,9 b 18,7	a 3 b 2
J.2.2.2	2	0,2	a 35 b 33	a 15,6 b 14,7	a 3 b 3
J.2.3.2	2	0,8	a 148 b 210	a 65,8 b 93,3	a 0 b 0
J.3.0.2	8	0	a 55 b 67	a 24,4 b 29,8	a 2 b 2
J.3.1.2	8	0,1	a 46 b 44	a 20,4 b 19,6	a 2 b 2
J.3.2.2	8	0,2	a 53 b 66	a 23,6 b 29,3	a 2 b 2
J.3.3.2	8	0,8	a 98 b 204	a 43,6 b 90,7	a 1 b 0
3-Hexin-2,5-diol					
K.1.0.2	1	0	a 64 b 115	a 28,4 b 51,1	a 2 b 1
K.1.1.2	1	1,6	a 21 b 32	a 9,3 b 14,2	a 3 b 3
K.1.2.2	1	2,0	a 61 b 71	a 27,1 b 31,5	a 2 b 2
K.1.3.2	1	2,4	a 68 b 125	a 30,2 b 55,6	a 2 b 1
K.2.0.2	2	0	a 63 b 131	a 28,0 b 58,2	a 2 b 1
K.2.1.2	2	1,6	a 17 b 27	a 7,6 b 12,0	a 4 b 3

Glanzzusatz und Bezeichnung der Bleche	Strom= dichte in A/dm^2	Konzen= tration des Glanz= zusatzes in g/l	Anzahl der Quadra= te mit Fehl= stellen = n	Häufig= keit n/N x 100%	Corrod= kote- Bewer= tungs= zahl
3-Hexin-2,5-diol					
K.2.2.2	2	2,0	a 45 b 76	a 20,0 b 33,8	a 2 b 1
K.2.3.2	2	2,4	a 57 b 87	a 25,3 b 38,7	a 2 b 1
K.3.0.2	8	0	a 44 b 69	a 19,6 b 30,7	a 2 b 2
K.3.1.2	8	1,6	a 79 b 87	a 35,1 b 38,7	a 1 b 1
K.3.2.2	8	2,0	a 90 b 131	a 40,0 b 58,2	a 1 b 1
K.3.3.2	8	2,4	a 136 b 193	a 60,4 b 85,8	a 1 b 0
Cumarin					
L.1.0.2	1	0	a 60 b 110	a 26,7 b 48,9	a 2 b 1
L.1.1.2	1	0,05	a 27 b 41	a 12,0 b 18,2	a 3 b 2
L.1.2.2	1	0,1	a 37 b 48	a 16,4 b 21,3	a 2 b 2
L.1.3.2	1	0,5	a 47 b 47	a 20,9 b 20,9	a 2 b 2
L.2.0.2	2	0	a 74 b 128	a 32,9 b 56,9	a 1 b 1
L.2.1.2	2	0,05	a 50 b 96	a 22,2 b 42,7	a 2 b 1
L.2.2.2	2	0,1	a 58 b 101	a 25,8 b 44,9	a 2 b 1
L.2.3.2	2	0,5	a 63 b 98	a 28,0 b 43,6	a 2 b 1
L.3.0.2	8	0	a 45 b 73	a 20,0 b 32,4	a 2 b 1
L.3.1.2	8	0,05	a 44 b 66	a 19,6 b 29,3	a 2 b 2
L.3.2.2	8	0,1	a 57 b 79	a 25,3 b 35,1	a 2 b 1
L.3.3.2	8	0,5	a 67 b 97	a 29,8 b 43,1	a 2 b 1

Glanzzusatz und Bezeichnung der Bleche	Strom= dichte in A/dm^2	Konzen= tration des Glanz= zusatzes in g/l	Anzahl der Quadra= te mit Fehl= stellen = n	Häufig= keit n/N x 100%	Corrod= kote- Bewer= tungs= zahl
Benzolsulfon= amid + 3-Butin-2-ol					
M.1.0.2	1	0	a 60 b 104	a 26,7 b 46,2	a 2 b 1
M.1.1.2	1	0,4+0,2	a 15 b 25	a 6,7 b 11,1	a 4 b 3
M.1.2.2	1	0,8+0,2	a 20 b 37	a 8,9 b 16,4	a 3 b 2
M.1.3.2	1	1,6+0,2	a 30 b 49	a 13,3 b 21,8	a 3 b 2
M.2.0.2	2	0	a 65 b 128	a 28,9 b 56,9	a 2 b 1
M.2.1.2	2	0,4+0,2	a 44 b 76	a 19,6 b 33,8	a 2 b 1
M.2.2.2	2	0,8+0,2	a 48 b 88	a 21,3 b 39,1	a 2 b 1
M.2.3.2	2	1,6+0,2	a 32 b 54	a 14,2 b 24,0	b 3 b 2
M.3.0.2	8	0	a 44 b 67	a 19,6 b 29,8	a 2 b 2
M.3.1.2	8	0,4+0,2	a 30 b 55	a 13,3 b 24,4	a 3 b 2
M.3.2.2	8	0,8+0,2	a 39 b 69	a 17,3 b 30,7	a 2 b 2
M.3.3.2	8	1,6+0,2	a 54 b 87	a 24,0 b 38,7	a 2 b 1
Benzolsulfon= amid + 2-Butin-1,4- diol					
N.1.0.2	1	0	a 73 b 118	a 32,4 b 52,4	a 1 b 1
N.1.1.2	1	0,2+0,4	a 12 b 16	a 5,3 b 7,1	a 4 b 4
N.1.2.2	1	0,4+0,4	a 13 b 19	a 5,8 b 8,4	a 4 b 3
N.1.3.2	1	0,8+0,4	a 20 b 30	a 8,9 b 13,3	a 3 b 3

Glanzzusatz und Bezeichnung der Bleche	Strom= dichte in A/dm^2	Konzen= tration des Glanz= zusatzes in g/l	Anzahl der Quadra= te mit Fehl= stellen = n	Häufig= keit n/N x 100%	Corrod= kote- Bewer= tungs= zahl
Benzolsulfon= amid + 2-Butin-1,4-diol					
N.2.0.2	2	0	a 83 b 142	a 36,9 b 63,1	a 1 b 1
N.2.1.2	2	0,2+0,4	a 26 b 28	a 11,6 b 12,6	a 3 b 3
N.2.2.2	2	0,4+0,4	a 32 b 30	a 14,2 b 13,3	a 3 b 3
N.2.3.2	2	0,8+0,4	a 40 b 36	a 17,8 b 16,0	a 2 b 3
N.3.0.2	8	0	a 63 b 75	a 28,0 b 33,3	a 2 b 1
N.3.1.2	8	0,2+0,4	a 3 b 1	a 1,3 b 0,4	a 6 b 8
N.3.2.2	8	0,4+0,4	a 2 b 7	a 0,9 b 3,1	a 7 b 5
N.3.3.2	8	0,8+0,4	a 2 b 2	a 0,9 b 0,9	a 7 b 7
Benzolsulfon= amid + 3-Hexin-2,5-diol					
O.1.0.2	1	0	a 74 b 130	a 32,9 b 57,8	a 2 b 1
O.1.1.2	1	0,2+0,4	a 10 b 18	a 4,4 b 8,0	a 4 b 4
O.1.1.2	1	0,4+0,4	a 18 b 32	a 8,0 b 14,2	a 4 b 3
O.1.3.2	1	0,8+0,4	a 42 b 57	a 18,7 b 25,3	a 2 b 2
O.2.0.2	2	0	a 75 b 142	a 33,3 b 63,1	a 1 b 1
O.2.1.2	2	0,2+0,4	a 22 b 38	a 9,8 b 16,9	a 3 b 2
O.2.2.2	2	0,4+0,4	a 32 b 55	a 14,2 b 24,4	a 3 b 2
O.2.3.2	2	0,8+0,4	a 40 b 79	a 17,8 b 35,1	a 2 b 1

Glanzzusatz und Bezeichnung der Bleche	Strom= dichte in A/dm^2	Konzen= tration des Glanz= zusatzes in g/l	Anzahl der Quadra= te mit Fehl= stellen = n	Häufig= keit n/N x 100%	Corrod= kote- Bewer= tungs= zahl
Benzolsulfon= amid + 3-Hexin-2,5-diol					
O.3.O.2	8	0	a 67	a 29,8	a 2
			b 92	b 40,9	b 1
O.3.1.2	8	0,2+0,4	a 44	a 19,6	a 2
			b 73	b 32,4	b 1
O.3.2.2	8	0,4+0,4	a 32	a 14,2	a 3
			b 54	b 24,0	b 2
O.3.3.2	8	0,8+0,4	a 28	a 12,4	a 3
			b 48	b 21,3	b 2
Saccharin + 3-Butin-2-ol					
P.1.O.2	1	0	a 73	a 32,4	a 1
			b 116	b 51,6	b 1
P.1.1.2	1	1,0+0,2	a 22	a 9,8	a 3
			b 33	b 14,7	b 3
P.1.2.2	1	1,4+0,2	a 31	a 13,8	a 3
			b 45	b 20,0	b 2
P.1.3.2	1	2,0+0,2	a 40	a 17,8	a 2
			b 61	b 27,1	b 2
P.2.O.2	2	0	a 70	a 31,1	a 2
			b 12	b 56,0	b 1
P.2.1.2	2	1,0+0,2	a 44	a 19,6	a 2
			b 76	b 33,8	b 1
P.2.2.2	2	1,4+0,2	a 26	a 11,6	a 3
			b 52	b 23,1	b 2
P.2.3.2	2	2,0+0,2	a 26	a 11,6	a 3
			b 43	b 19,1	b 2
P.3.O.2	8	0	a 51	a 22,7	a 2
			b 92	b 40,9	b 1
P.3.1.2	8	1,0+0,2	a 24	a 10,7	a 3
			b 28	b 12,4	b 3
P.3.2.2	8	1,4+0,2	a 25	a 11,1	a 3
			b 26	b 11,6	b 3
P.3.3.2	8	2,0+0,2	a 41	a 18,2	a 2
			b 45	b 20,0	b 2

Glanzzusatz und Bezeichnung der Bleche	Strom=dichte in A/dm^2	Konzen=tration des Glanz=zusatzes in g/l	Anzahl der Quadra=te mit Fehl=stellen = n	Häufig=keit n/N x 100%	Corrod=kote-Bewer=tungs=zahl
Saccharin + 2-Butin-1,4-diol (1:1)					
Q.1.0.2	1	0	a 73 b 113	a 32,4 b 50,2	a 1 b 1
Q.1.1.2	1	0,4+0,4	a 19 b 23	a 8,4 b 10,2	a 3 b 3
Q.1.2.2	1	0,8+0,8	a 38 b 28	a 16,9 b 12,4	a 2 b 3
Q.1.3.2	1	1,6+1,6	a 122 b 80	a 54,2 b 35,6	a 1 b 1
Q.2.0.2	2	0	a 63 b 110	a 28,0 b 48,9	a 2 b 1
Q.2.1.2	2	0,4+0,4	a 36 b 38	a 16,0 b 16,9	a 3 b 2
Q.2.2.2	2	0,8+0,8	a 72 b 48	a 32,0 b 21,3	a 2 b 2
Q.2.3.2	2	1,6+1,6	a 84 b 62	a 37,3 b 27,6	a 1 b 2
Q.3.0.2	8	0	a 47 b 72	a 20,9 b 32,0	a 2 b 2
Q.3.1.2	8	0,4+0,4	a 12 b 14	a 5,3 b 6,2	a 4 b 4
Q.3.2.2	8	0,8+0,8	a 46 b 23	a 20,4 b 10,2	a 2 b 3
Q.3.3.2	8	1,6+1,6	a 33 b 38	a 14,7 b 16,9	a 3 b 2
Saccharin + 2-Butin-1,4-diol (1:2)					
R.1.0.2	1	0	a 65 b 110	a 28,9 b 48,9	a 2 b 1
R.1.1.2	1	0,2+0,4	a 91 b 112	a 40,4 b 49,8	a 1 b 1
R.1.2.2	1	0,4+0,8	a 29 b 30	a 12,9 b 13,3	a 3 b 3
R.1.3.2	1	0,8+1,6	a 100 b 100	a 44,4 b 44,4	a 1 b 1

Glanzzusatz und Bezeichnung der Bleche	Strom=dichte in A/dm^2	Konzen=tration des Glanz=zusatzes in g/l	Anzahl der Quadra=te mit Fehl=stellen = n	Häufig=keit n/N x 100%	Corrod=kote-Bewer=tungs=zahl
Saccharin + 2-Butin-1,4-diol (1:2)					
R.2.0.2	2	0	a 61 b 118	a 27,1 b 52,4	a 2 b 1
R.2.1.2	2	0,2+0,4	a 68 b 88	a 30,2 b 39,1	a 2 b 1
R.2.2.2	2	0,4+0,8	a 97 b 74	a 43,1 b 32,9	a 1 b 1
R.2.3.2	2	0,8+1,6	a 106 b 96	a 47,1 b 42,7	a 1 b 1
R.3.0.2	8	0	a 44 b 52	a 19,6 b 23,1	a 2 b 2
R.3.1.2	8	0,2+0,4	a 77 b 96	a 34,2 b 42,7	a 1 b 1
R.3.2.2	8	0,4+0,8	a 113 b 120	a 50,2 b 53,3	a 1 b 1
R.3.3.2	8	0,8+1,6	a 140 b 143	a 62,2 b 63,6	a 1 b 1
Saccharin + 2-Butin-1,4-diol (2:1)					
S.1.0.2	1	0	a 62 b 113	a 27,6 b 50,2	a 2 b 1
S.1.1.2	1	0,4+0,2	a 15 b 18	a 6,7 b 8,0	a 4 b 4
S.1.2.2	1	0,8+0,4	a 16 b 23	a 7,1 b 10,2	a 4 b 3
S.1.3.2	1	1,6+0,8	a 38 b 47	a 16,9 b 20,9	a 2 b 2
S.2.0.2	2	0	a 78 b 128	a 34,7 b 56,9	a 1 b 1
S.2.1.2	2	0,4+0,2	a 16 b 17	a 7,1 b 7,6	a 4 b 4
S.2.2.2	2	0,8+0,4	a 53 b 25	a 23,6 b 11,1	a 2 b 3
S.2.3.2	2	1,6+0,8	a 21 b 15	a 9,3 b 6,7	a 3 b 4

Glanzzusatz und Bezeichnung der Bleche	Strom= dichte in A/dm^2	Konzen= tration des Glanz= zusatzes in g/l	Anzahl der Quadra= te mit Fehl= stellen = n	Häufig= keit n/N x 100%	Corrod= kote- Bewer= tungs= zahl
Saccharin + 2-Butin-1,4-diol (2:1)					
S.3.0.2	8	0	a 44 b 67	a 19,6 b 29,8	a 2 b 2
S.3.1.2	8	0,4+0,2	a 8 b 8	a 3,6 b 3,5	a 5 b 5
S.3.2.2	8	0,8+0,4	a 44 b 40	a 19,6 b 17,8	a 2 b 2
S.3.3.2	8	1,6+0,8	a 70 b 72	a 31,1 b 32,0	a 2 b 2
Saccharin + 2-Butin-1,4-diol (5:4)					
T.1.0.2	1	0	a 60 b 110	a 26,7 b 48,9	a 2 b 1
T.1.1.2	1	0,5+0,4	a 36 b 40	a 16,0 b 17,8	a 3 b 2
T.1.2.2	1	1,0+0,8	a 47 b 42	a 20,9 b 18,7	a 2 b 2
T.1.3.2	1	2,0+1,6	a 86 b 92	a 38,2 b 40,9	a 1 b 1
T.2.0.2	2	0	a 61 b 118	a 27,1 b 52,4	a 2 b 1
T.2.1.2	2	0,5+0,4	a 18 b 19	a 8,0 b 8,4	a 4 b 3
T.2.2.2	2	1,0+0,8	a 108 b 112	a 48,0 b 49,8	a 1 b 1
T.2.3.2	2	2,0+1,6	a 53 b 68	a 23,6 b 30,2	a 2 b 2
T.3.0.2	8	0	a 67 b 77	a 29,8 b 34,2	a 2 b 1
T.3.1.2	8	0,5+0,4	a 38 b 17	a 16,9 b 7,6	a 2 b 4
T.3.2.2	8	1,0+0,8	a 70 b 43	a 31,1 b 19,1	a 2 b 2
T.3.3.2	8	2,0+1,6	a 122 b 49	a 54,2 b 21,8	a 1 b 2

Glanzzusatz und Bezeichnung der Bleche	Strom= dichte in A/dm^2	Konzen= tration des Glanz= zusatzes in g/l	Anzahl der Quadra= te mit Fehl= stellen = n	Häufig= keit n/N x 100%	Corrod= kote- Bewer= tungs= zahl
Saccharin + 3-Hexin-2,5-diol					
U.1.0.2	1	0	a 63 b 115	a 28,0 b 51,1	a 2 b 1
U.1.1.2	1	0,4+0,2	a 19 b 38	a 8,4 b 16,9	a 3 b 2
U.1.2.2	1	0,8+0,2	a 89 b 140	a 39,6 b 62,2	a 1 b 1
U.1.3.2	1	1,6+0,2	a 10 b 23	a 4,4 b 10,2	a 4 b 3
U.2.0.2	2	0	a 64 b 129	a 28,4 b 57,3	a 2 b 1
U.2.1.2	2	0,4+0,2	a 22 b 27	a 9,8 b 12,0	a 3 b 3
U.2.2.2	2	0,8+0,2	a 48 b 67	a 21,3 b 29,8	a 2 b 2
U.2.3.2	2	1,6+0,2	a 103 b 197	a 45,8 b 87,6	a 1 b 0
U.3.0.2	8	0	a 46 b 69	a 20,4 b 30,7	a 2 b 2
U.3.1.2	8	0,4+0,2	a 38 b 57	a 16,9 b 25,3	a 2 b 2
U.3.2.2	8	0,8+0,2	a 40 b 62	a 17,8 b 27,6	a 2 b 2
U.3.3.2	8	1,6+0,2	a 72 b 74	a 32,0 b 32,9	a 2 b 1
o-Benzaldehydsulfonsäure (Na-salz) + 2-Butin-1,4-diol					
V.1.0.2	1	0	a 73 b 133	a 32,4 b 59,1	a 1 b 1
V.1.1.2	1	0,6+0,4	a 131 b 207	a 58,2 b 92,0	a 1 b 0
V.1.2.2	1	1,2+0,4	a 61 b 121	a 27,1 b 53,8	a 2 b 1
V.1.3.2	1	1,8+0,4	a 39 b 58	a 17,3 b 25,8	a 2 b 2

Glanzzusatz und Bezeichnung der Bleche	Strom= dichte in A/dm^2	Konzen= tration des Glanz= zusatzes in g/l	Anzahl der Quadra= te mit Fehl= stellen = n	Häufig= keit n/N x 100%	Corrod= kote- Bewer= tungs= zahl
o-Benzalde= hydsulfon= säure(Na-salz) +2-Butin-1,4-diol					
V.2.0.2	2	0	a 81 b 140	a 36,0 b 62,2	a 1 b 1
V.2.1.2	2	0,6+0,4	a 131 b 189	a 58,2 b 84,0	a 1 b 0
V.2.2.2	2	1,2+0,4	a 86 b 131	a 38,2 b 58,2	a 1 b 1
V.2.3.2	2	1,8+0,4	a 110 b 158	a 48,9 b 70,2	a 1 b 0
V.3.0.2	8	0	a 67 b 90	a 29,8 b 40,0	a 2 b 1
V.3.1.2	8	0,6+0,4	a 58 b 90	a 25,8 b 40,0	a 2 b 1
V.3.2.2	8	1,2+0,4	a 24 b 57	a 10,7 b 25,3	a 3 b 2
V.3.3.2	8	1,8+0,4	a 32 b 44	a 14,2 b 19,6	a 3 b 2
Naphthalin= trisulfon= säure(Tri= natriumsalz) + 2-Butin-1,4-diol					
W.1.0.2	1	0	a 61 b 122	a 27,1 b 54,2	a 2 b 1
W.1.1.2	1	0,4+0,4	a 79 b 131	a 35,1 b 58,2	a 1 b 1
W.1.2.2	1	1,0+0,4	a 70 b 124	a 31,1 b 55,1	a 2 b 1
W.1.3.2	1	2,0+0,4	a 45 b 90	a 20,0 b 40,0	a 2 b 1
W.2.0.2	2	0	a 82 b 133	a 36,4 b 59,1	a 1 b 1
W.2.1.2	2	0,4+0,4	a 195 b 225	a 86,7 b 100,0	a 0 b 0

Glanzzusatz und Bezeichnung der Bleche	Strom= dichte in A/dm^2	Konzen= tration des Glanz= zusatzes in g/l	Anzahl der Quadra= te mit Fehl= stellen = n	Häufig= keit n/N x 100%	Corrod= kote- Bewer= tungs= zahl
Naphthalin= trisulfon= säure (Tri= natriumsalz) + 2-Butin-1,4-diol					
W.2.2.2	2	1,0+0,4	a 71 b 105	a 31,6 b 46,7	a 2 b 1
W.2.3.2	2	2,0+0,4	a 78 b 119	a 34,7 b 52,9	a 1 b 1
W.3.0.2	8	0	a 51 b 91	a 22,7 b 40,4	a 2 b 1
W.3.1.2	8	0,4+0,4	a 53 b 103	a 23,6 b 45,8	a 2 b 1
W.3.2.2	8	1,0+0,4	a 15 b 28	a 6,7 b 12,4	a 4 b 3
W.3.3.2	8	2,0+0,4	a 14 b 31	a 6,2 b 13,8	a 4 b 3

9.2 BILDER

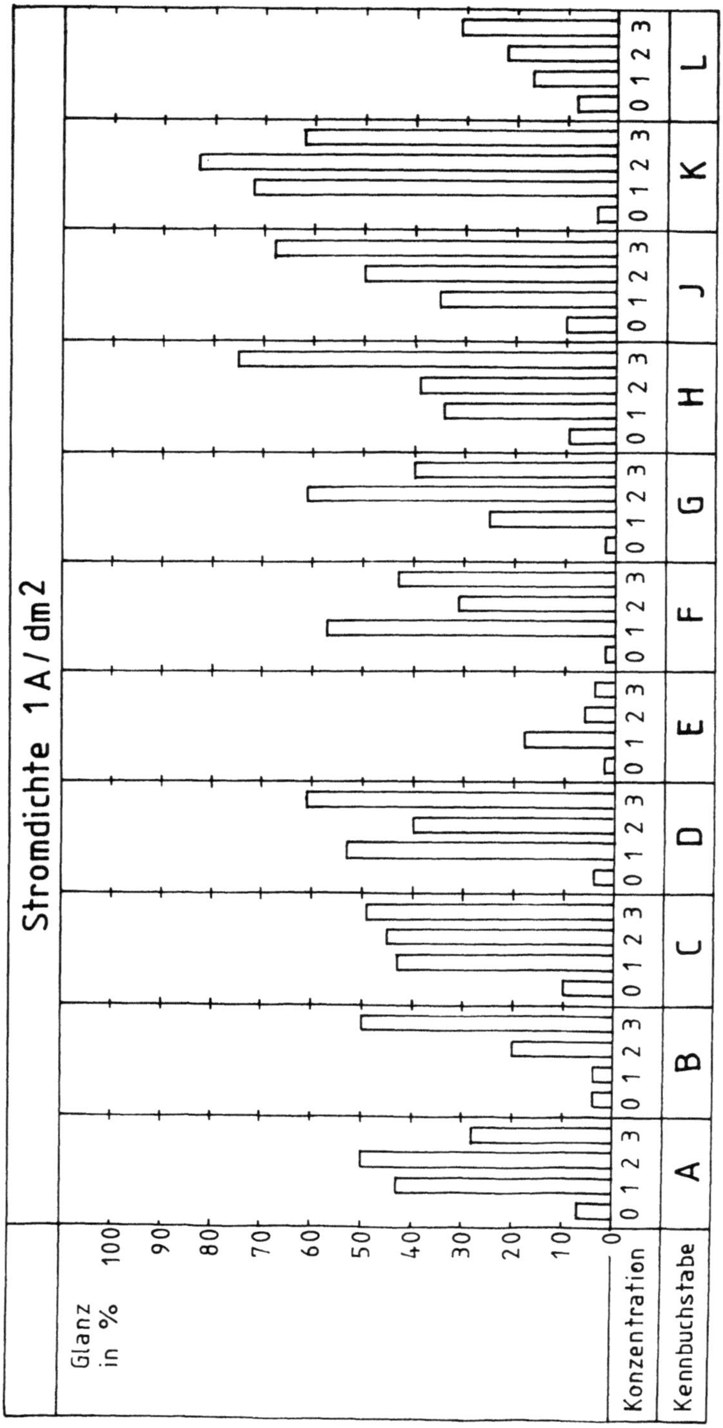

Bild 1a: Glanz in Abhängigkeit von der Konzentration

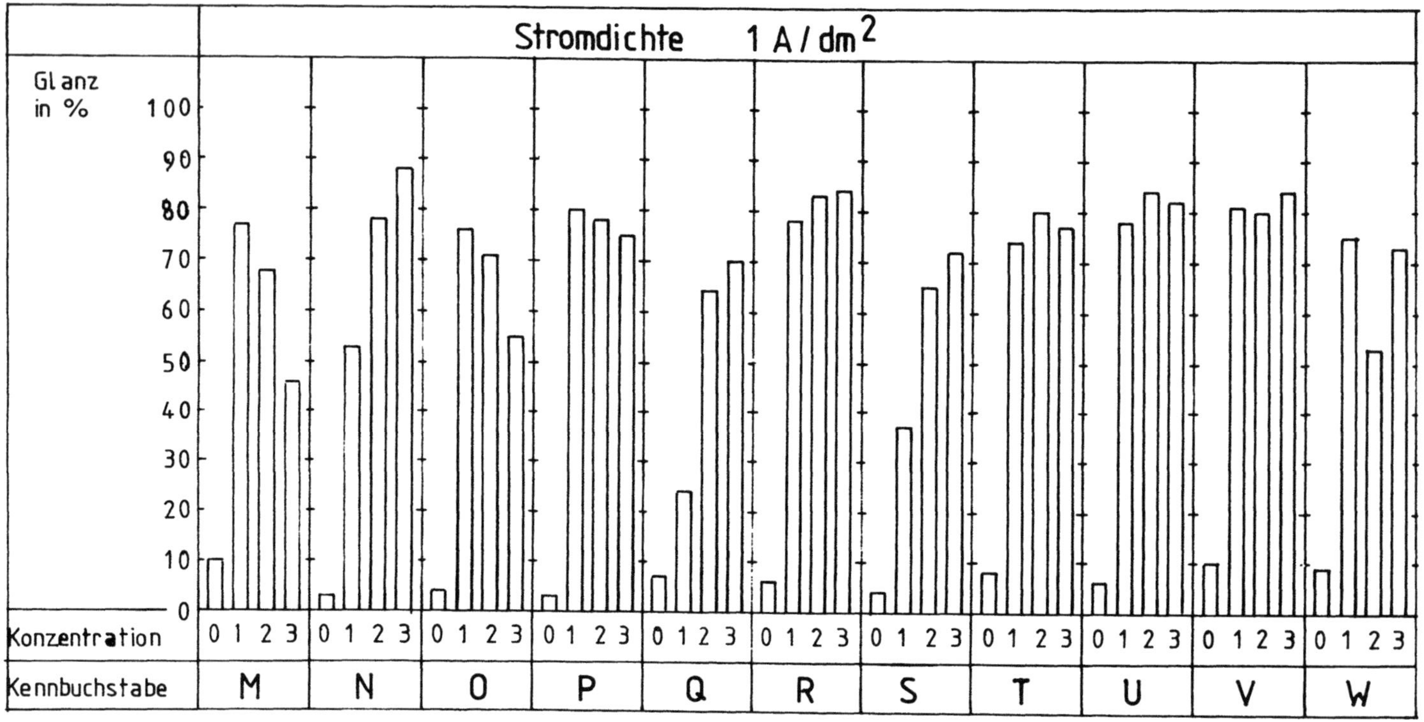

Bild 1b: Glanz in Abhängigkeit von der Konzentration

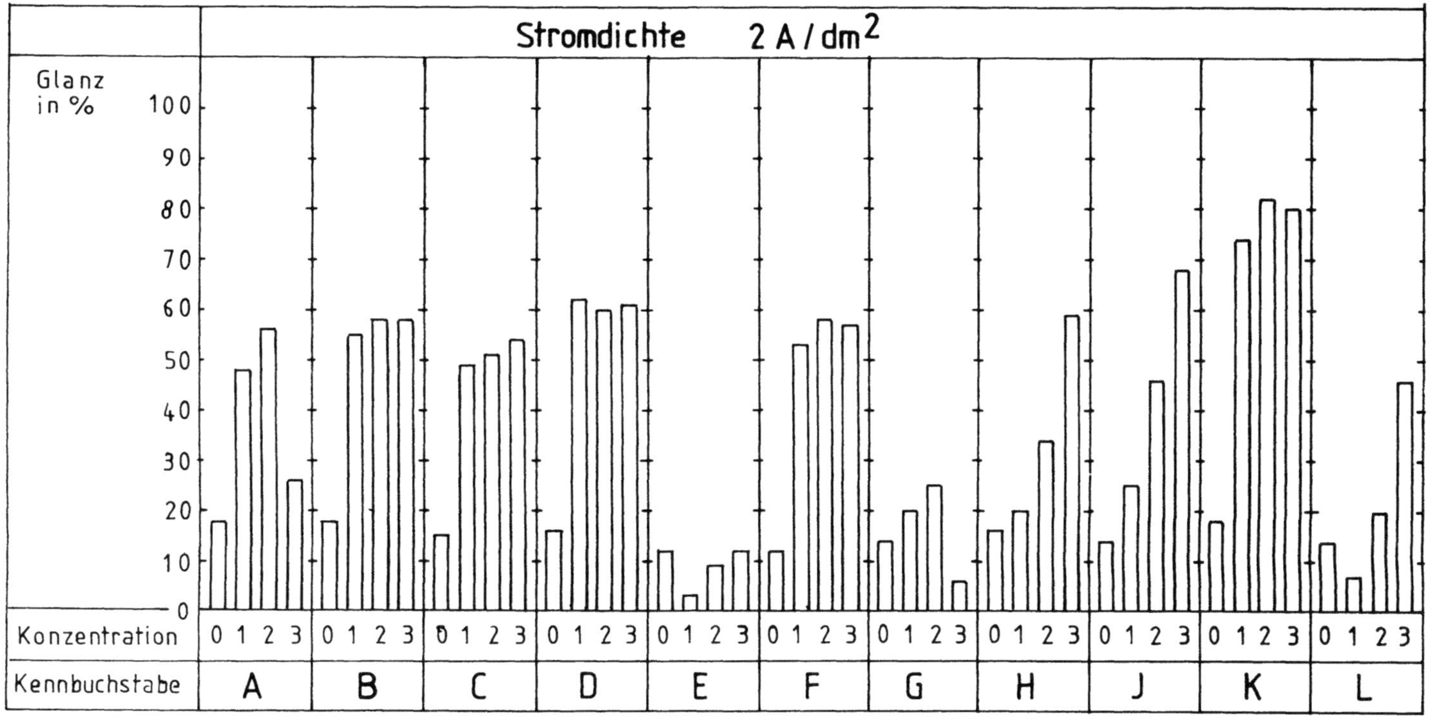

Bild 2a: Glanz in Abhängigkeit von der Konzentration

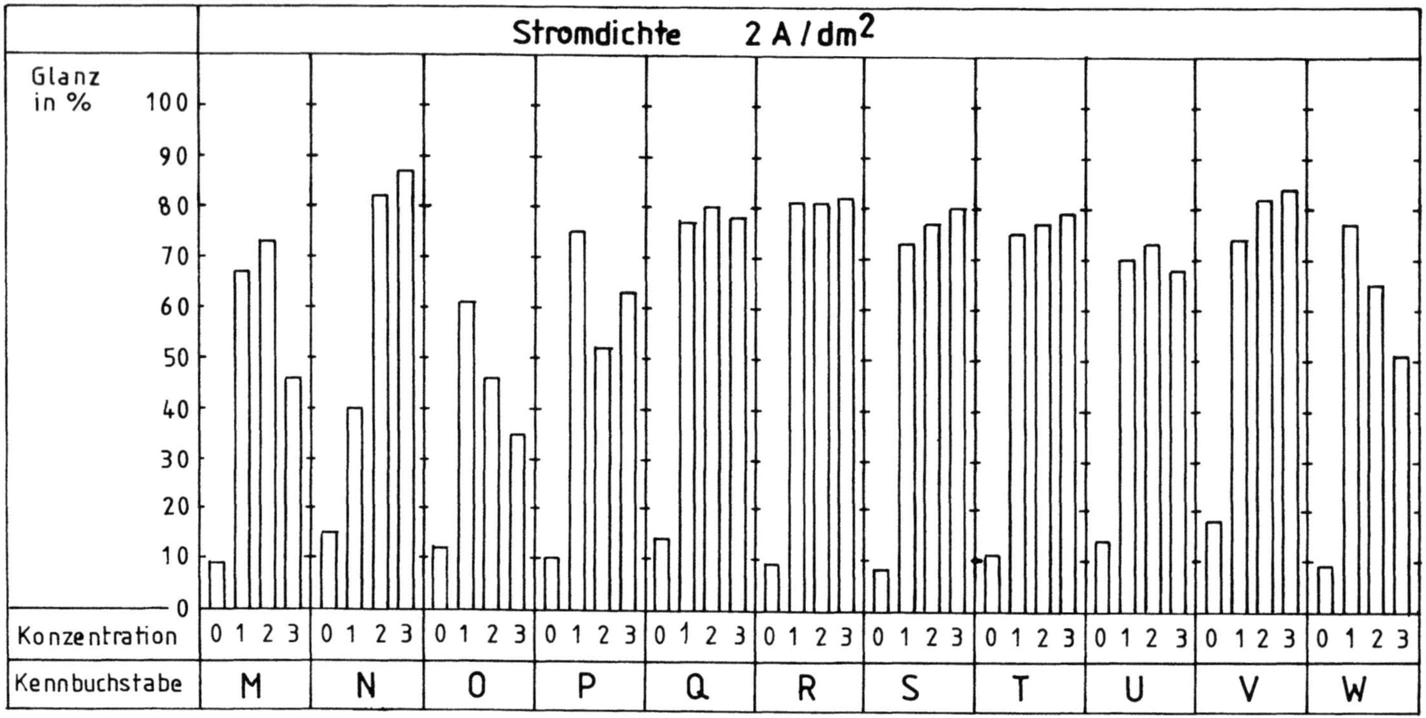

Bild 2b: Glanz in Abhängigkeit von der Konzentration

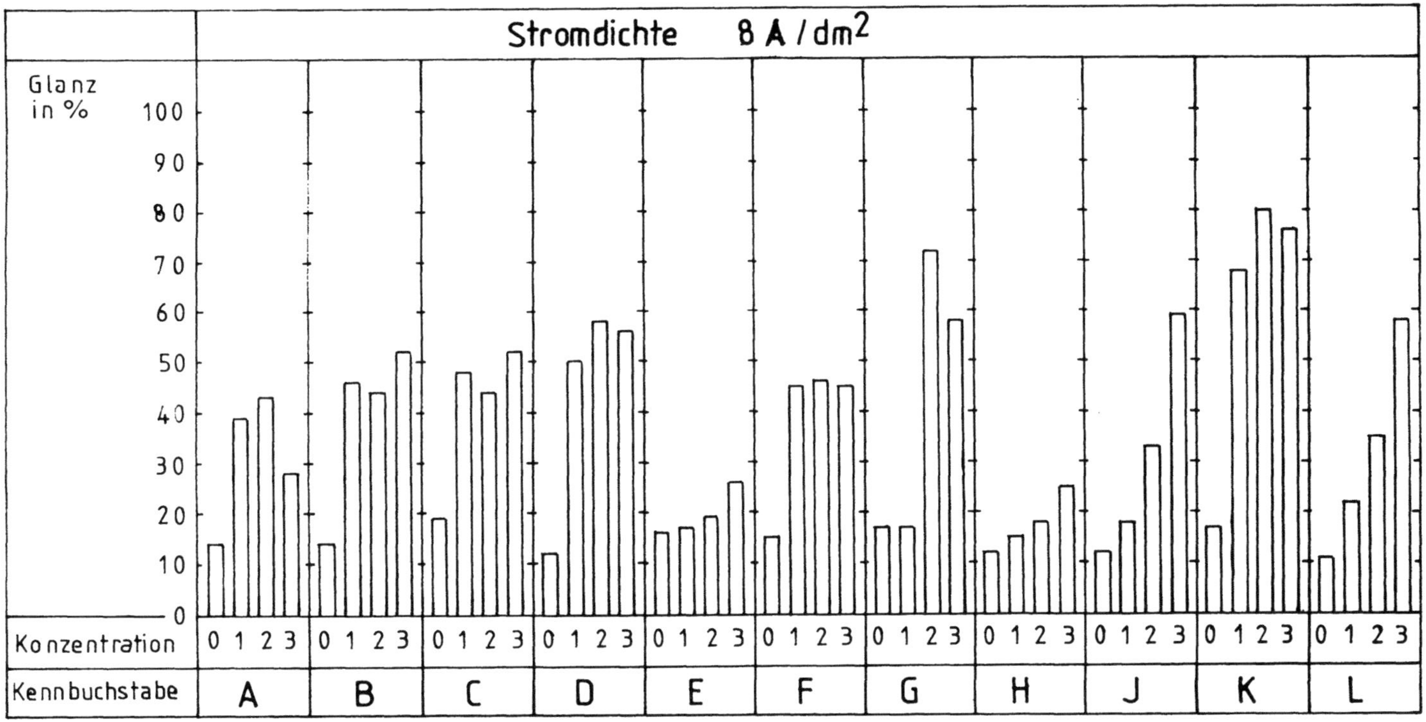

Bild 3a: Glanz in Abhängigkeit von der Konzentration

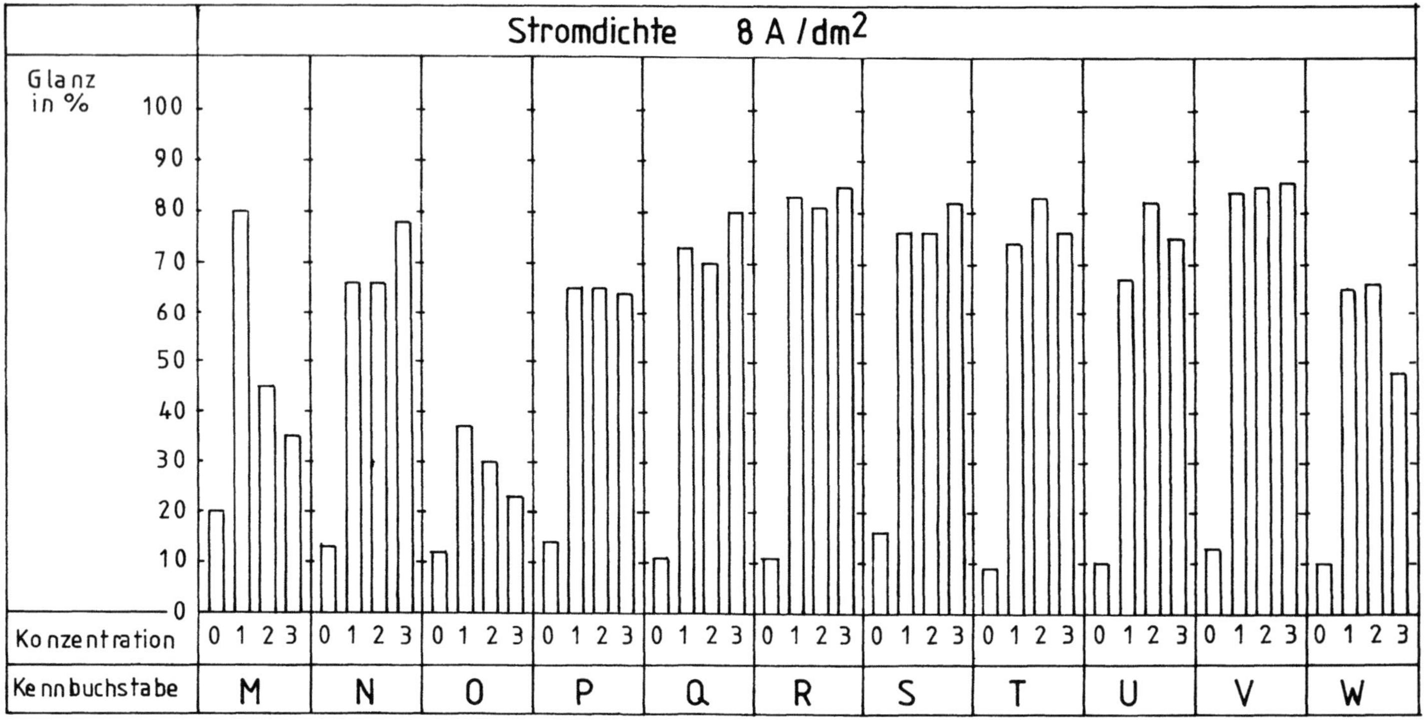

Bild 3b: Glanz in Abhängigkeit von der Konzentration

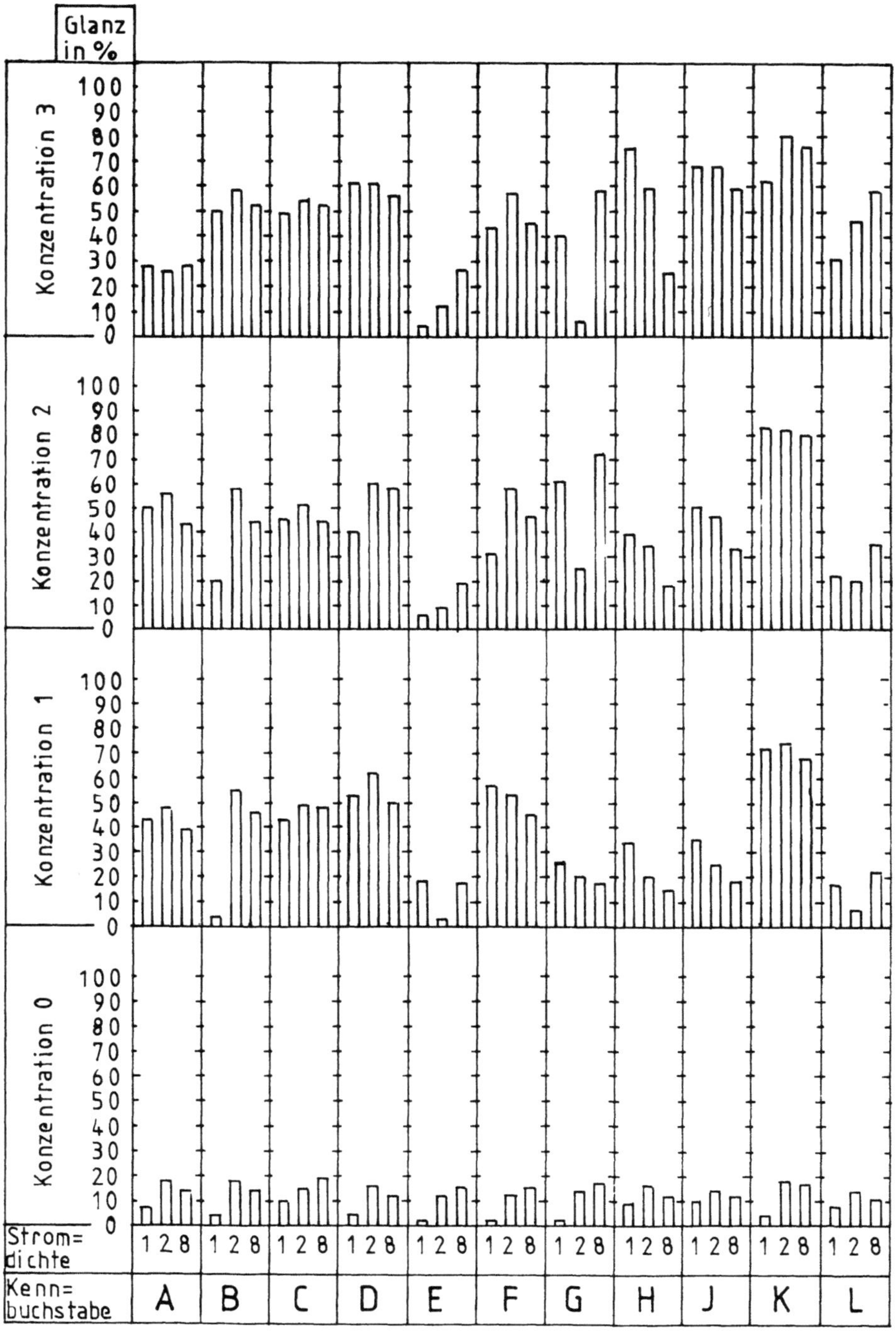

Bild 4a: Glanz in Abhängigkeit von der Stromdichte

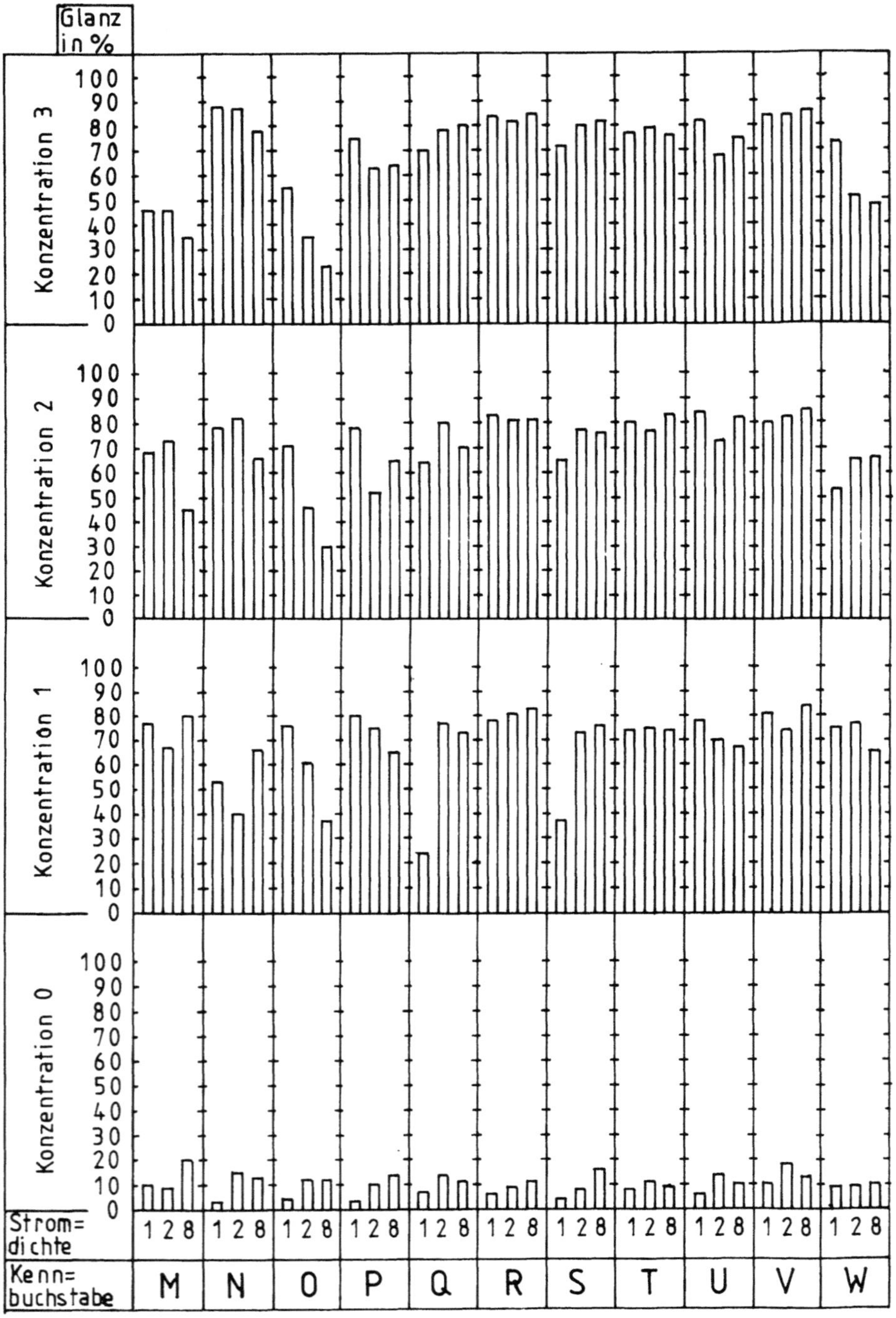

Bild 4b: Glanz in Abhängigkeit von der Stromdichte

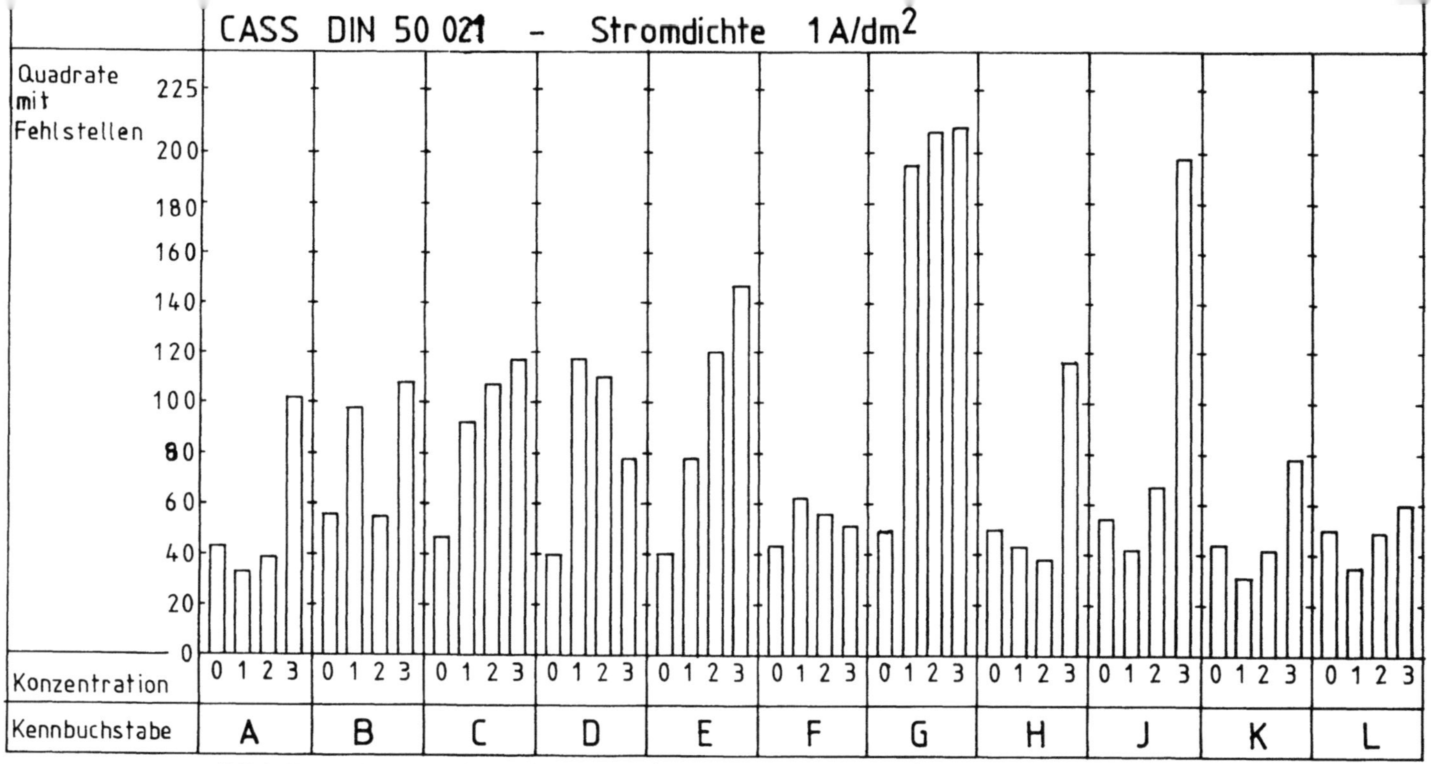

Bild 5a: Quadrate mit Fehlstellen in Abhängigkeit von der Konzentration

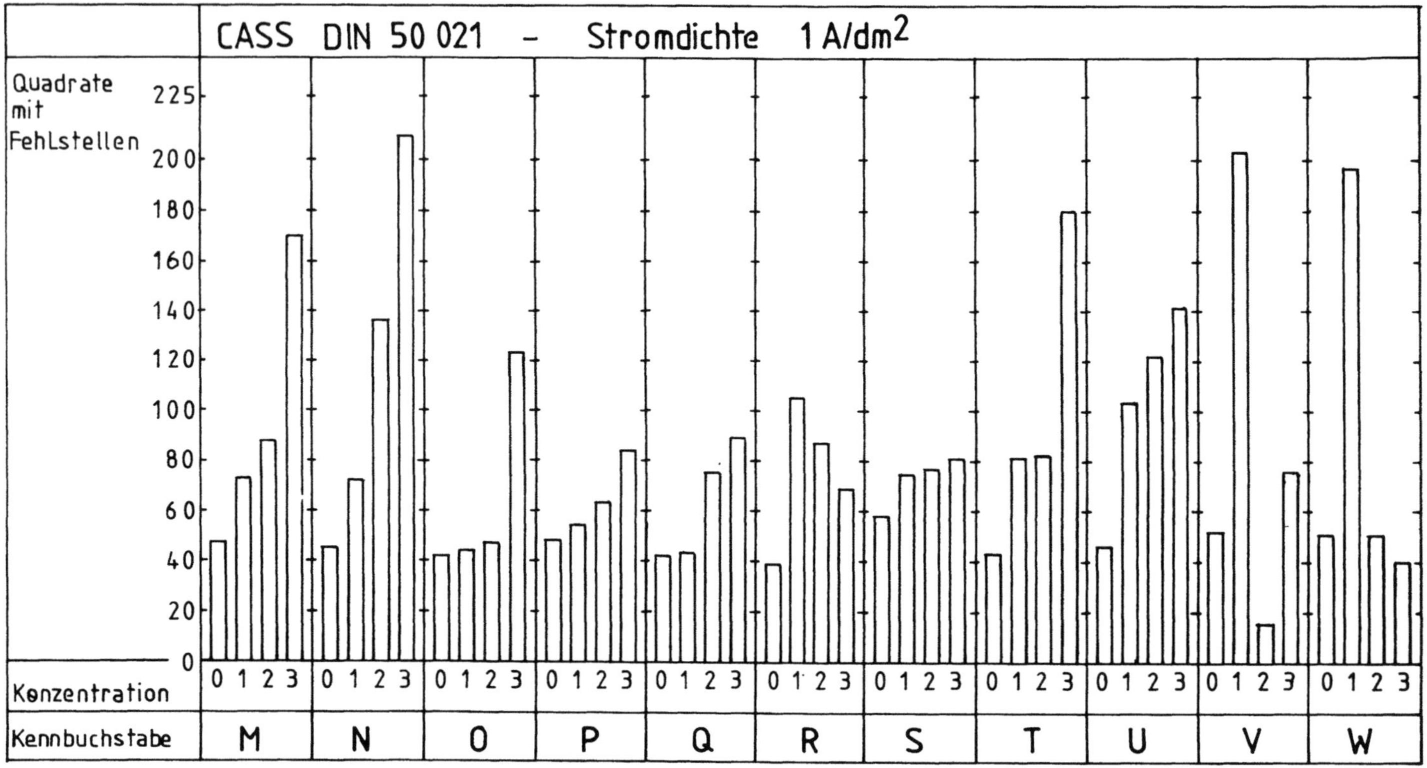

Bild 5b: Quadrate mit Fehlstellen in Abhängigkeit von der Konzentration

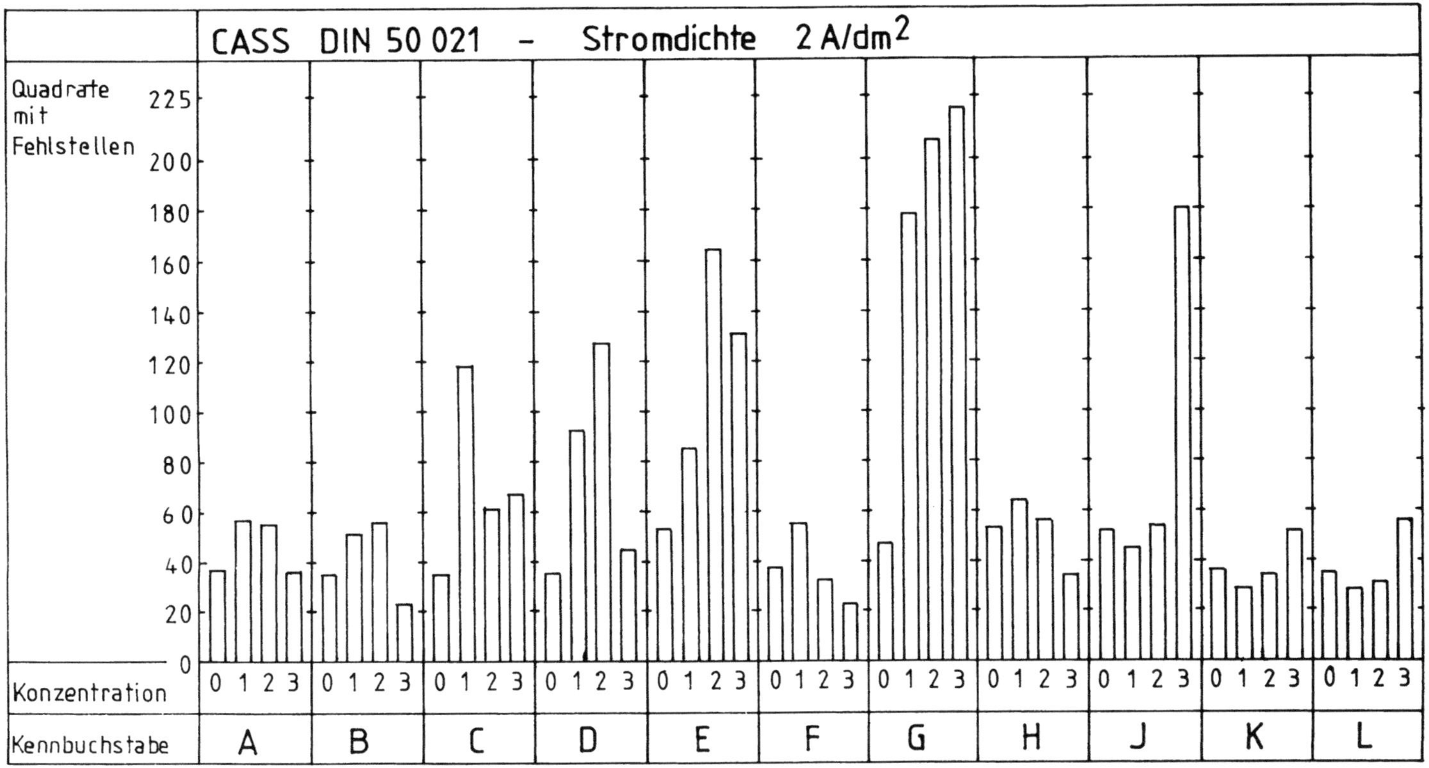

Bild 6a: Quadrate mit Fehlstellen in Abhängigkeit von der Konzentration

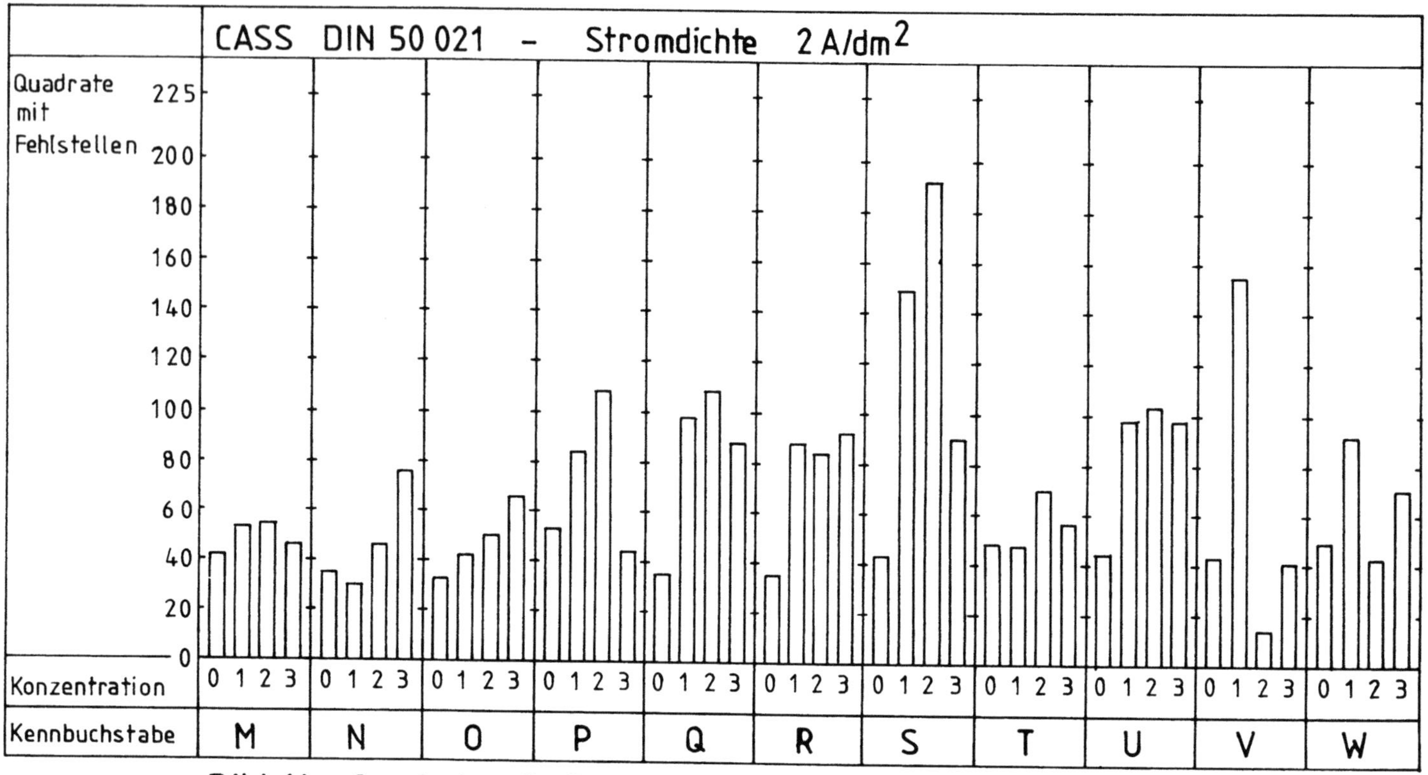

Bild 6b: Quadrate mit Fehlstellen in Abhängigkeit von der Konzentration

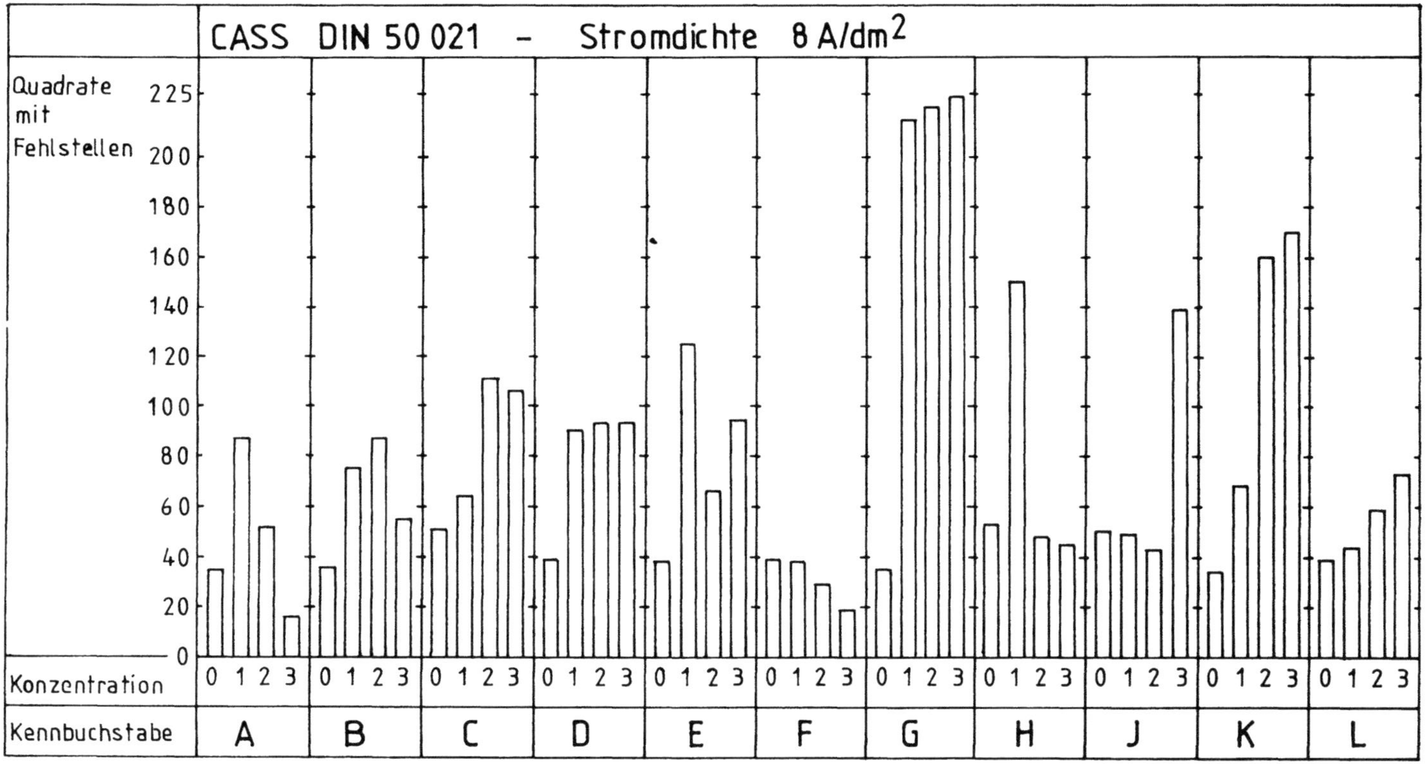

Bild 7a: Quadrate mit Fehlstellen in Abhängigkeit von der Konzentration

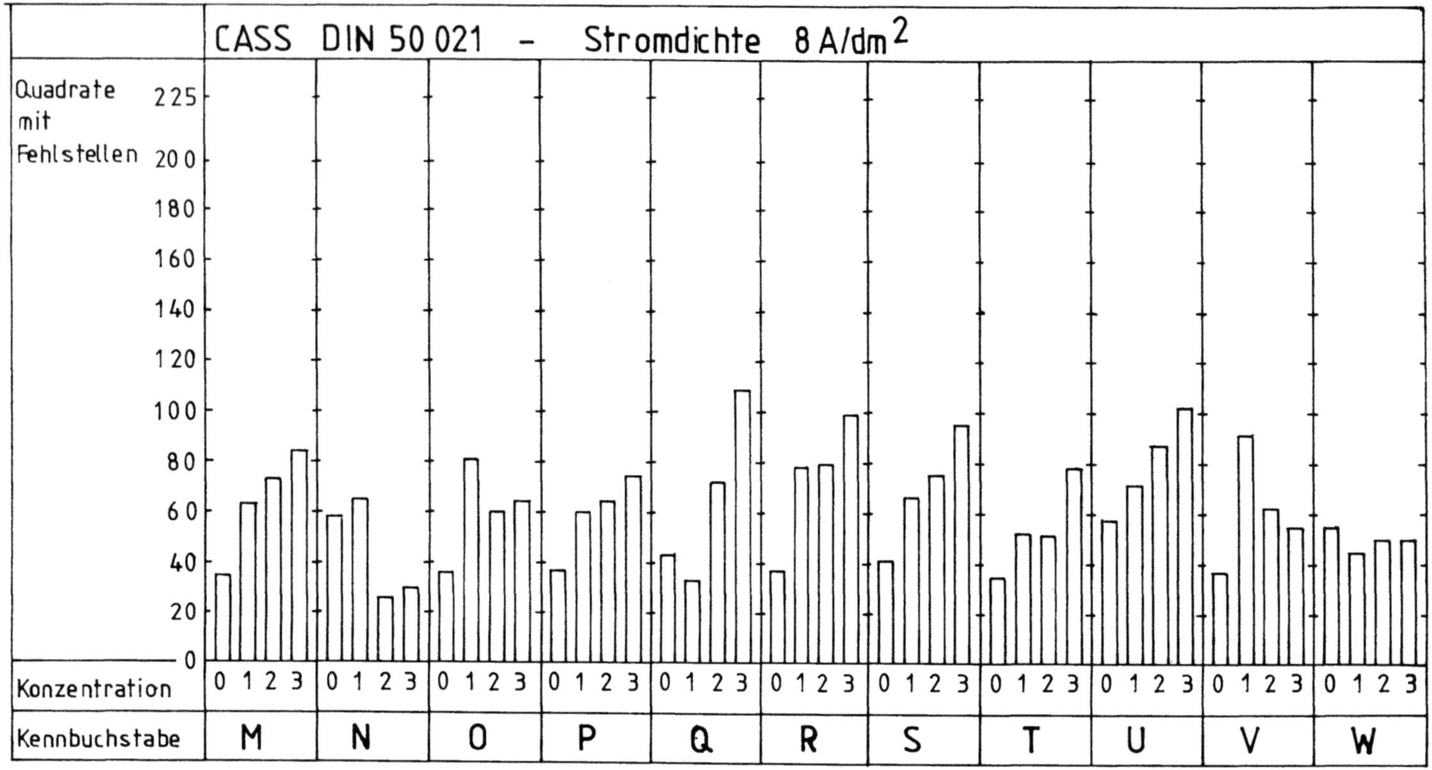

Bild 7b: Quadrate mit Fehlstellen in Abhängigkeit von der Konzentration

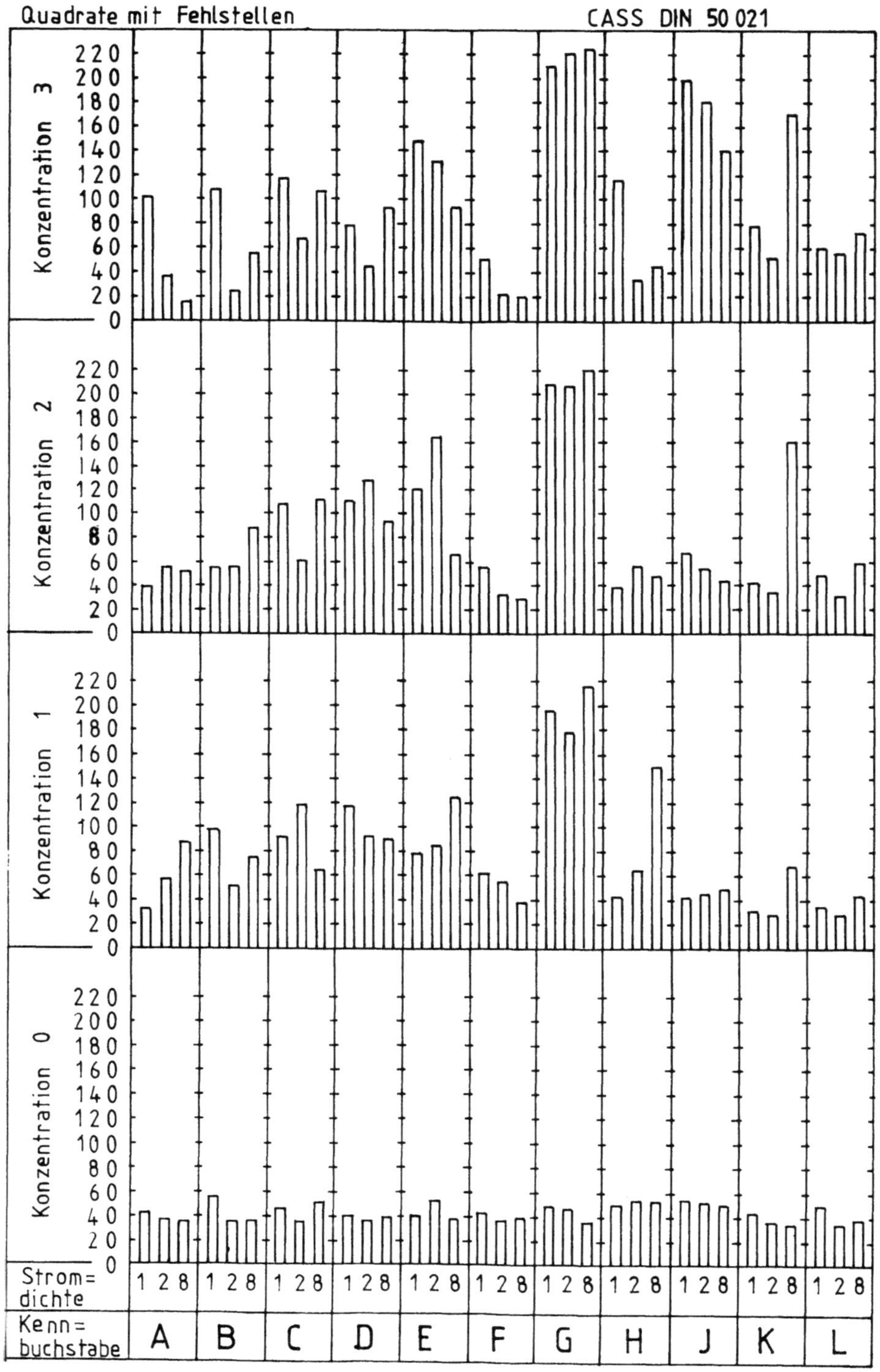

Bild 8a : Quadrate mit Fehlstellen in Abhängigkeit von der Stromdichte

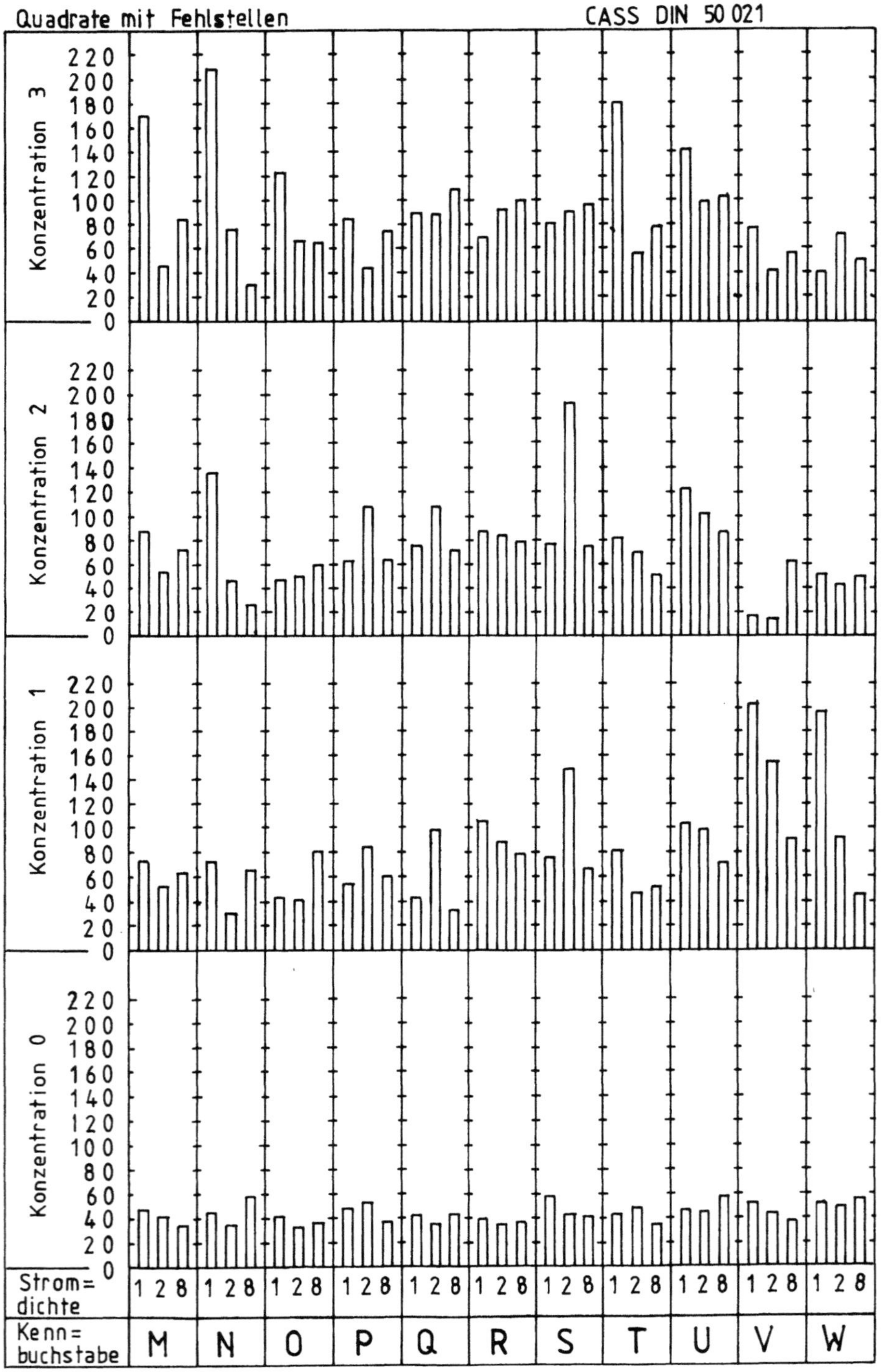

Bild 8b: Quadrate mit Fehlstellen in Abhängigkeit von der Stromdichte

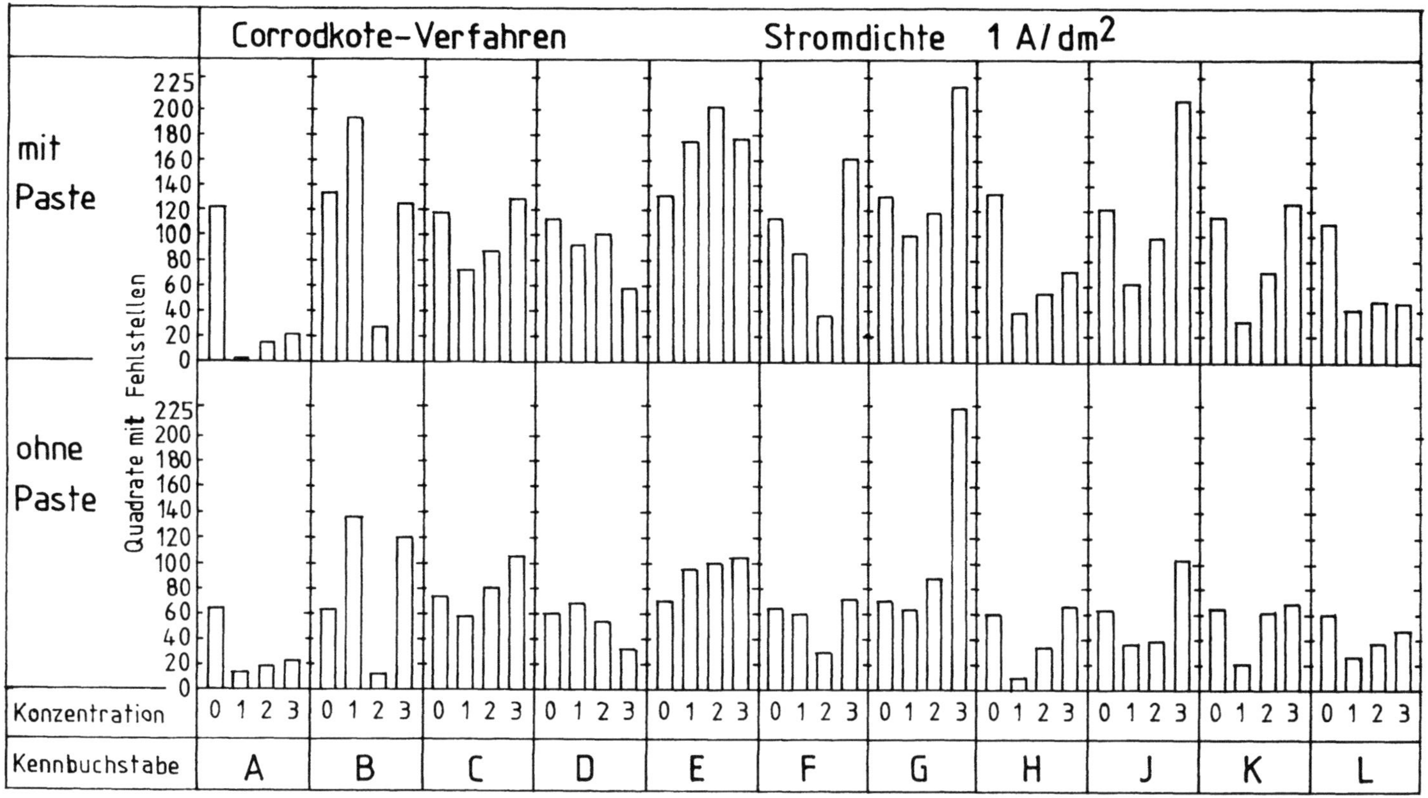

Bild 9a: Quadrate mit Fehlstellen in Abhängigkeit von der Konzentration

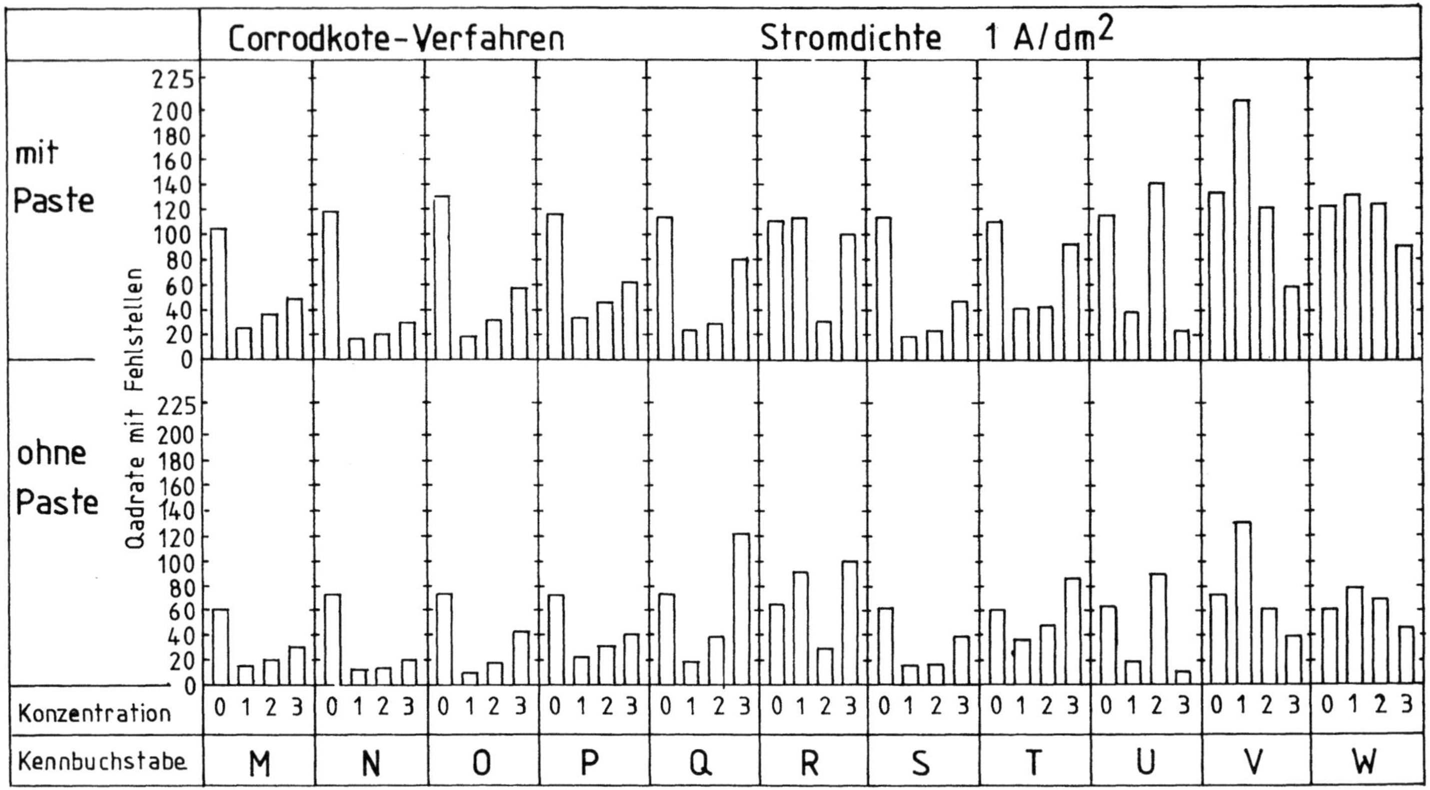

Bild 9b: Quadrate mit Fehlstellen in Abhängigkeit von der Konzentration

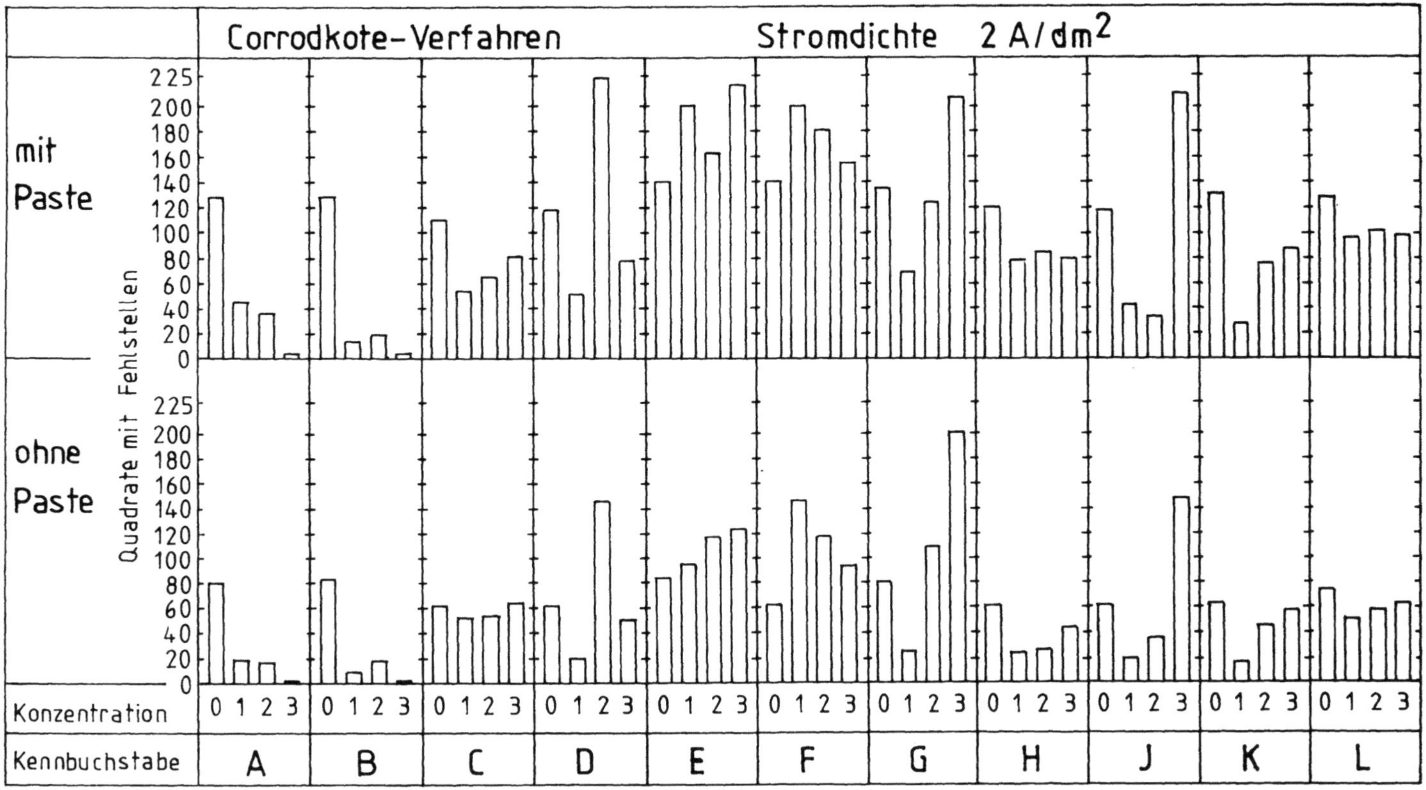

Bild 10a: Quadrate mit Fehlstellen in Abhängigkeit von der Konzentration

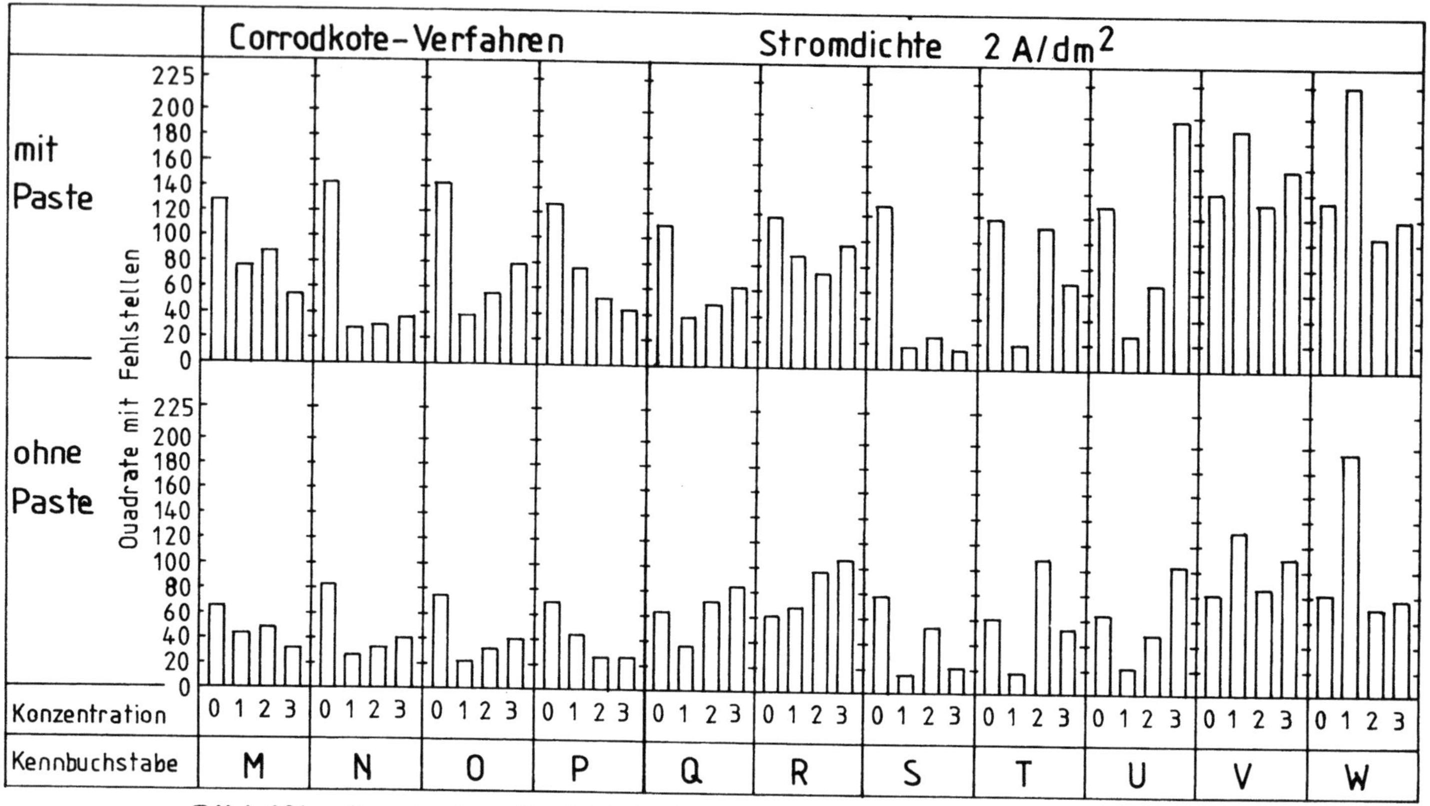

Bild 10b: Quadrate mit Fehlstellen in Abhängigkeit von der Konzentration

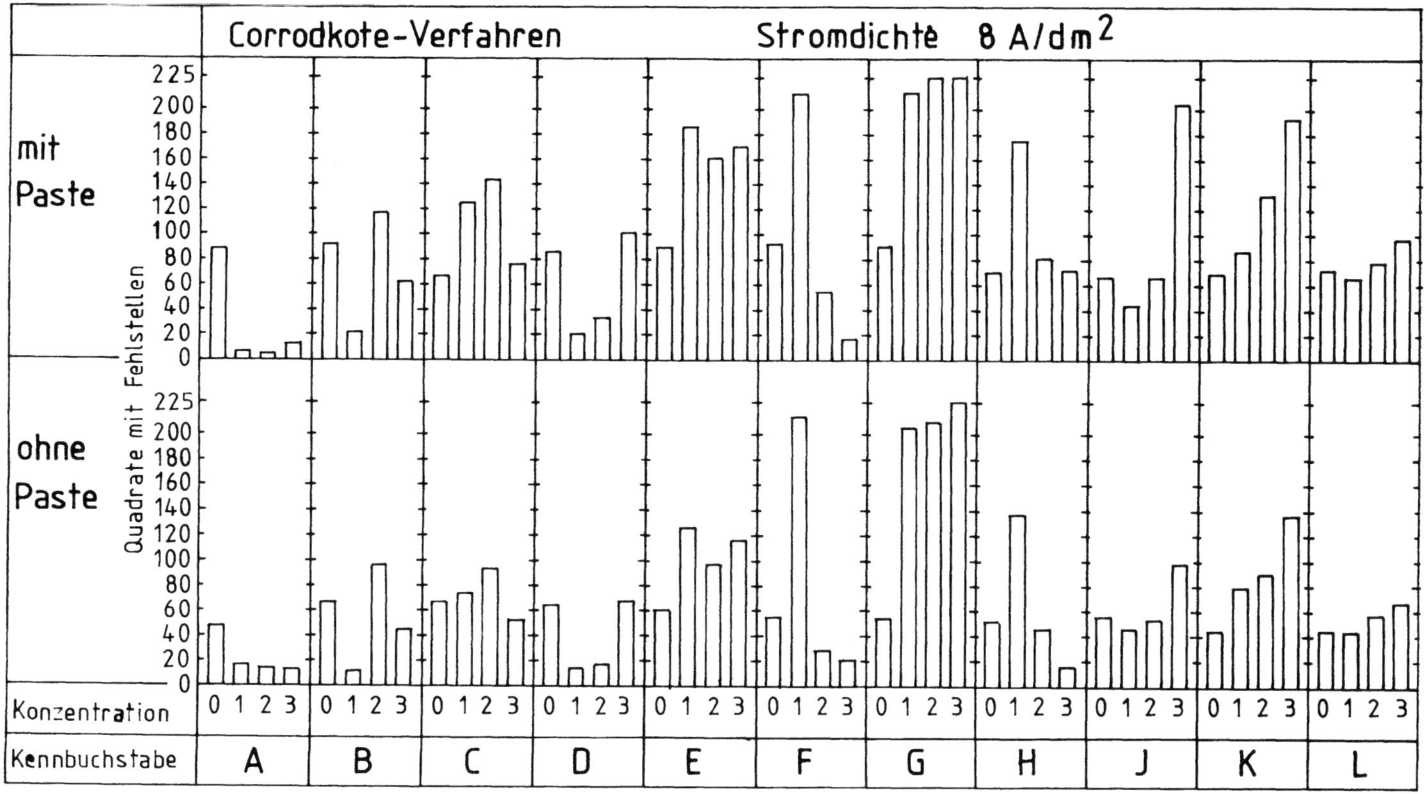

Bild 11a: Quadrate mit Fehlstellen in Abhängigkeit von der Konzentration

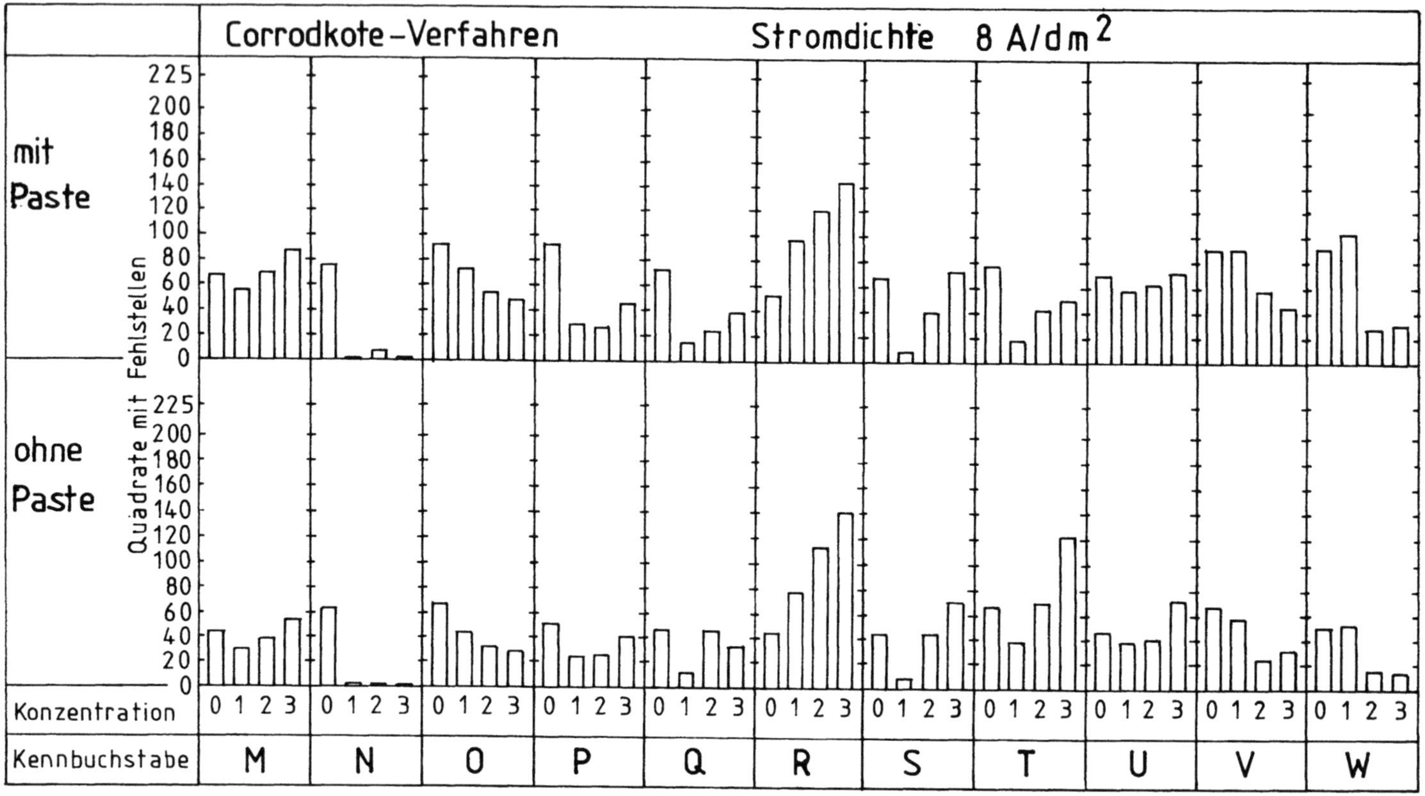

Bild 11b: Quadrate mit Fehlstellen in Abhängigkeit von der Konzentration

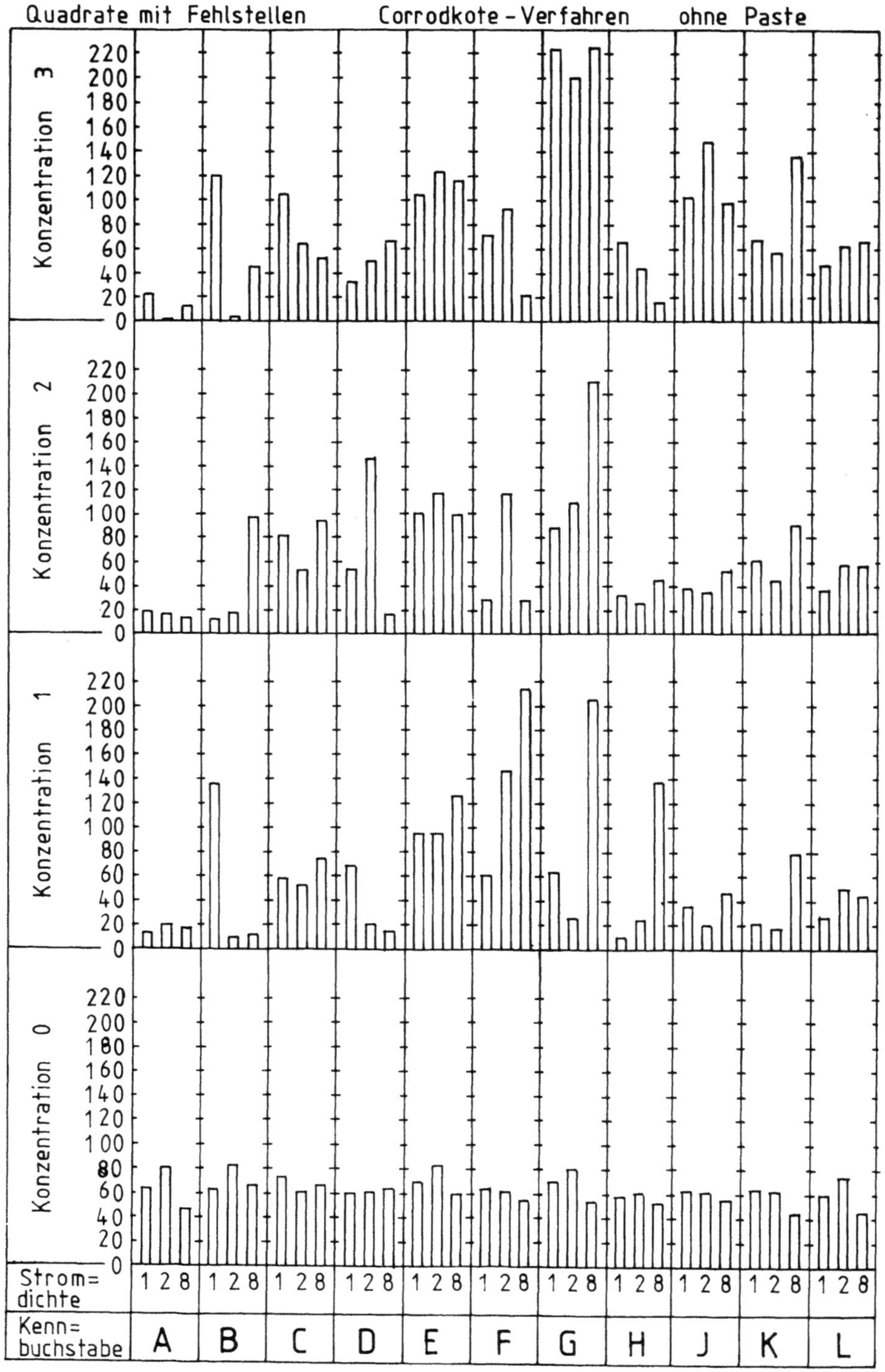

Bild 12a: Quadrate mit Fehlstellen in Abhängigkeit von der Stromdichte

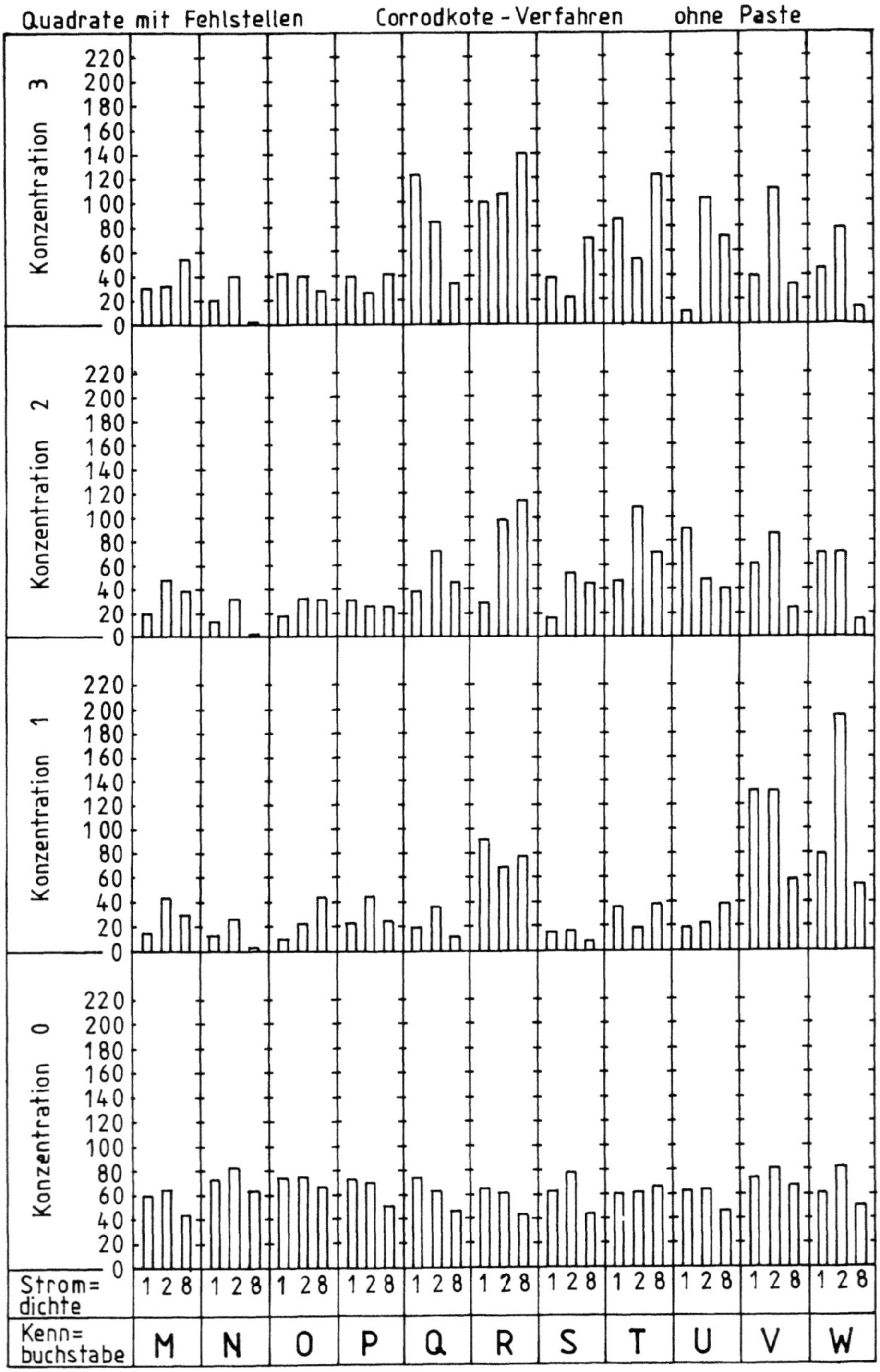

Bild 12b: Quadrate mit Fehlstellen in Abhängigkeit von der Stromdichte

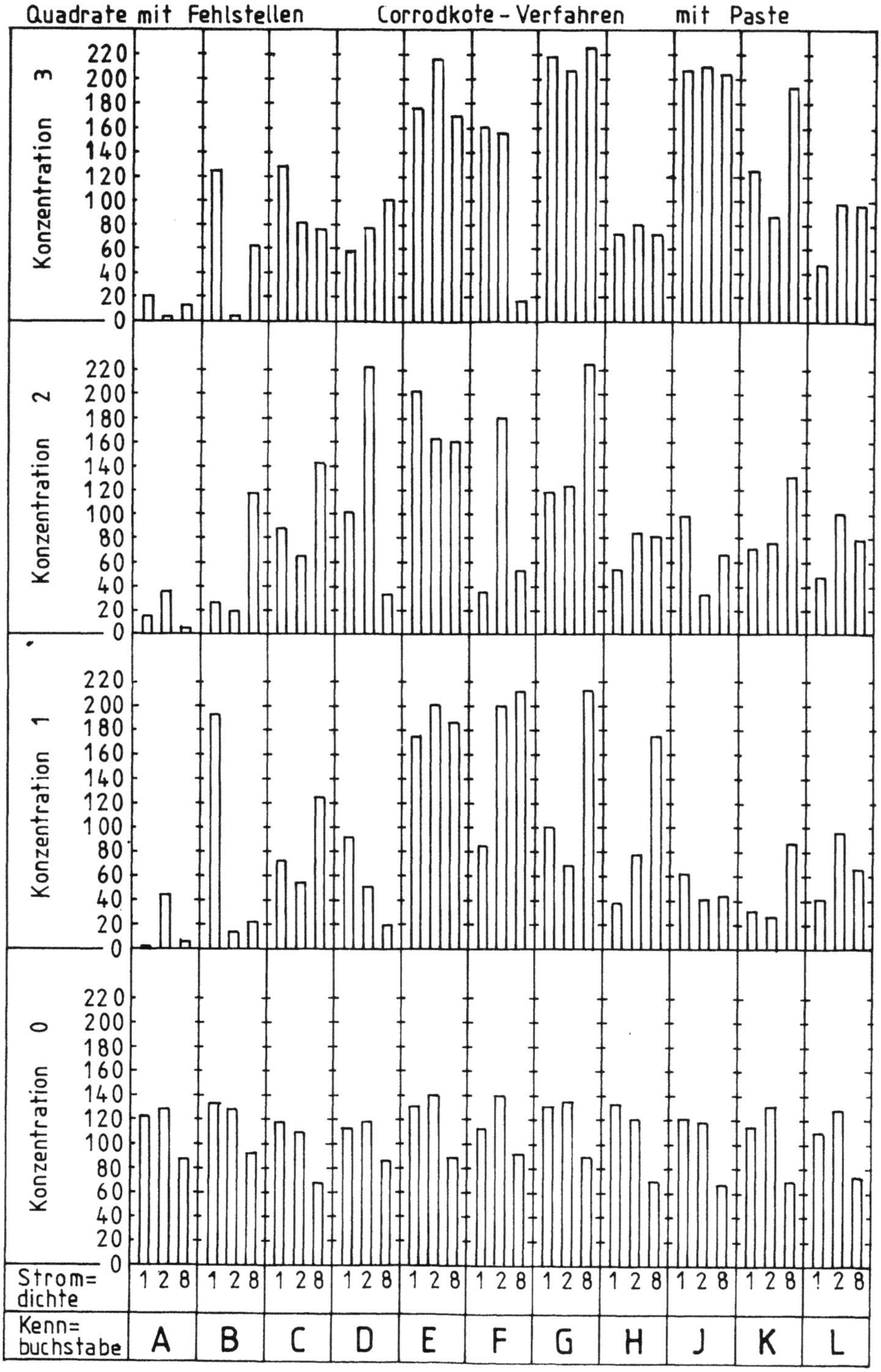

Bild 13a: Quadrate mit Fehlstellen in Abhängigkeit von der Stromdichte

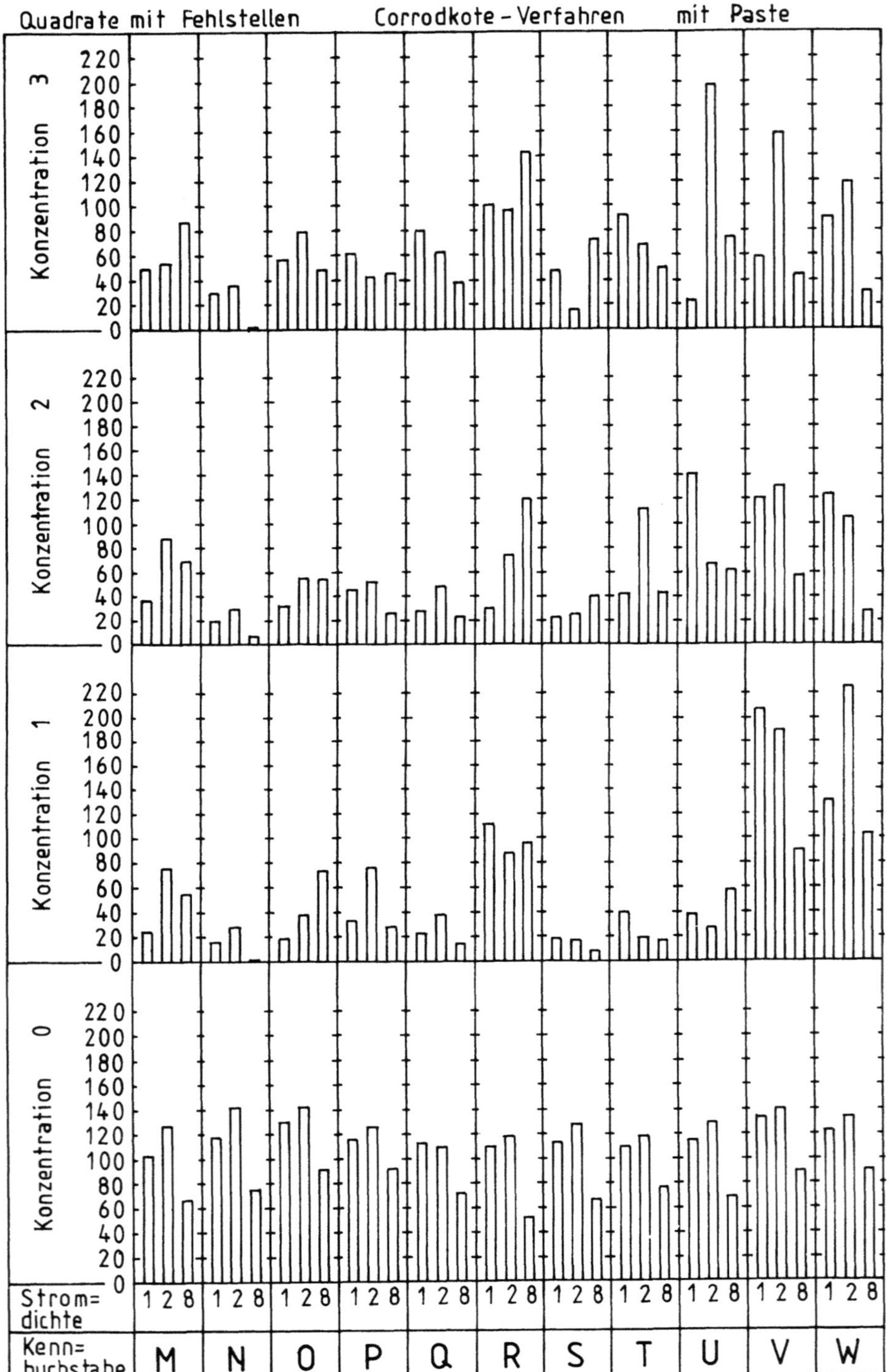

Bild 13b: Quadrate mit Fehlstellen in Abhängigkeit von der Stromdichte

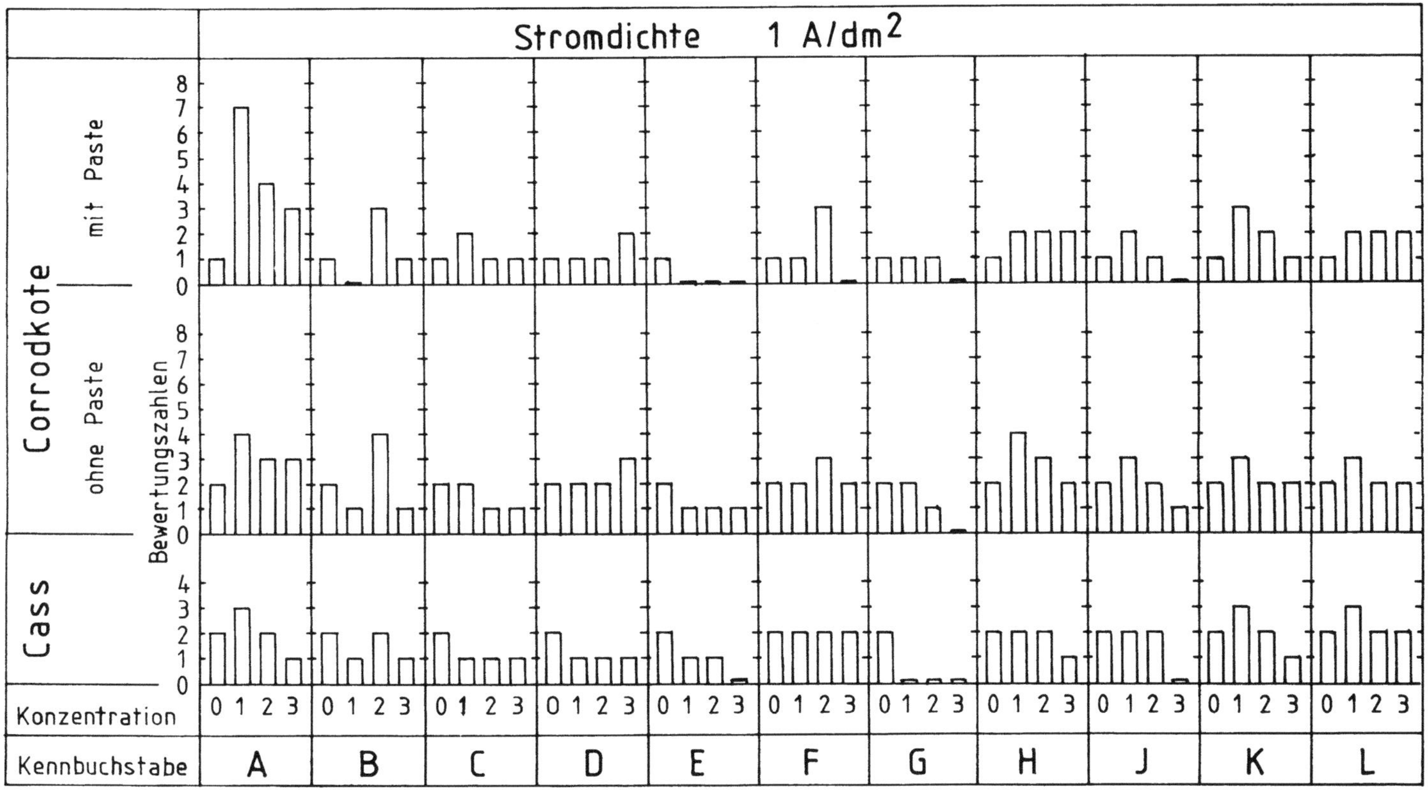

Bild 14a: Bewertungszahlen in Abhängigkeit von der Konzentration

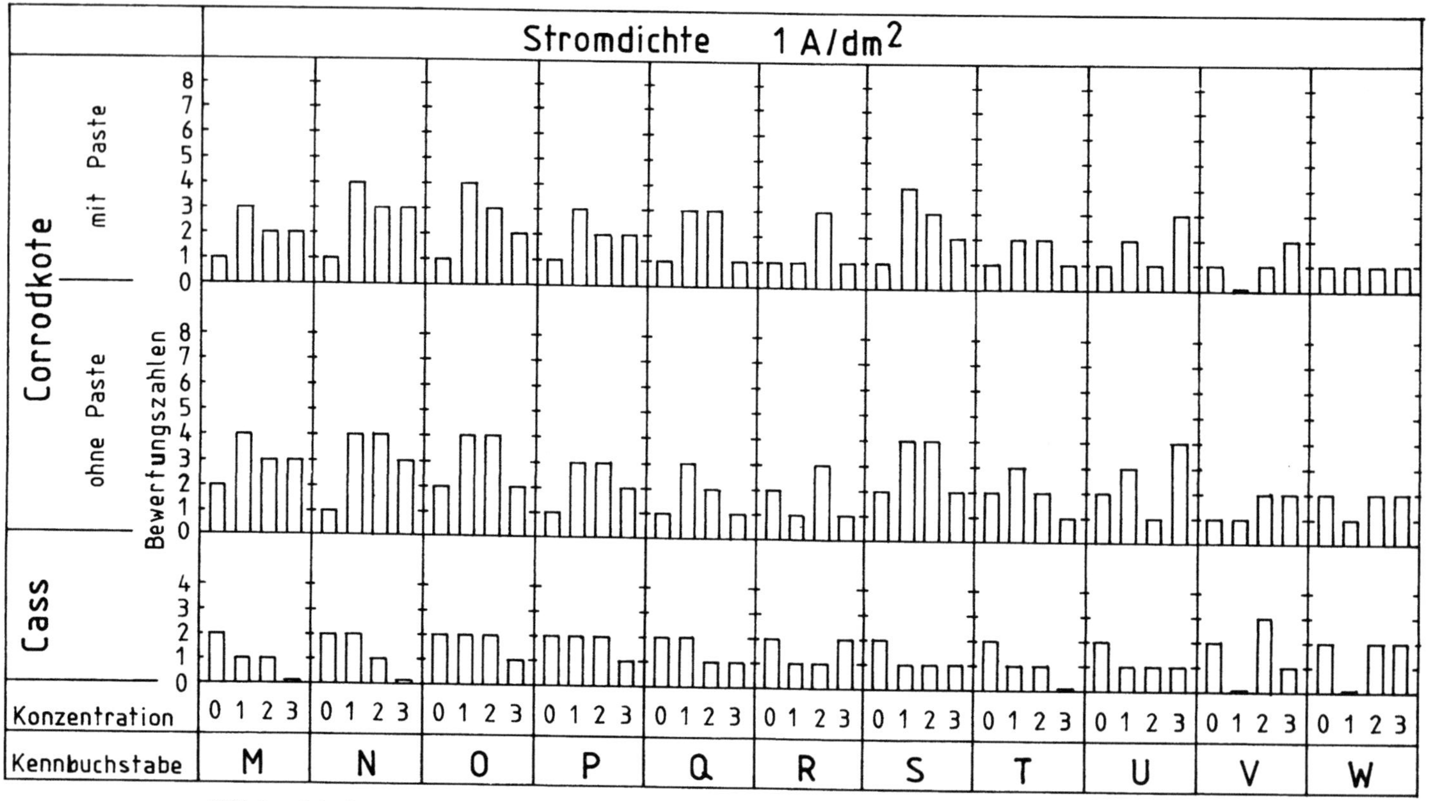

Bild 14 b: Bewertungszahlen in Abhängigkeit von der Konzentration

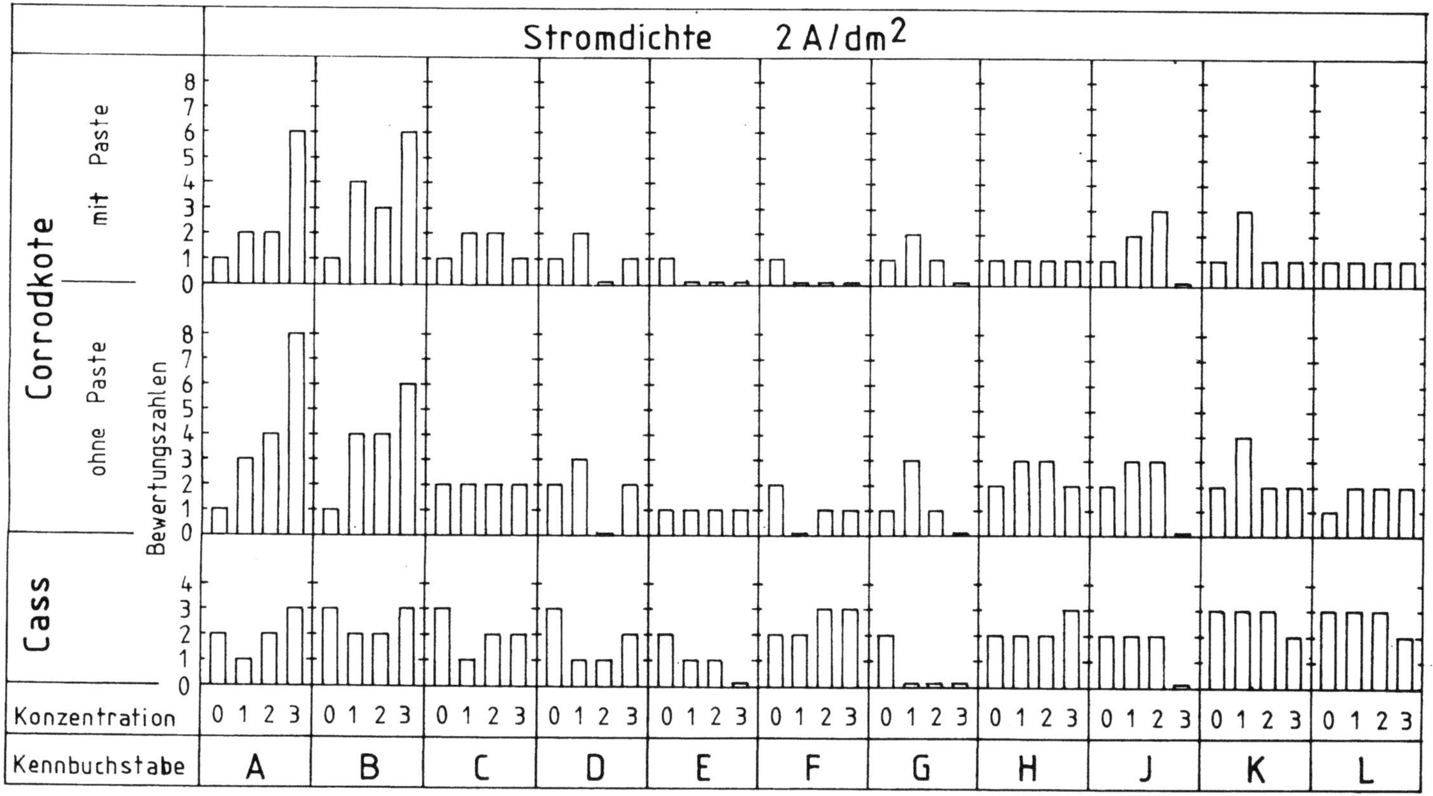

Bild 15 a: Bewertungszahlen in Abhängigkeit von der Konzentration

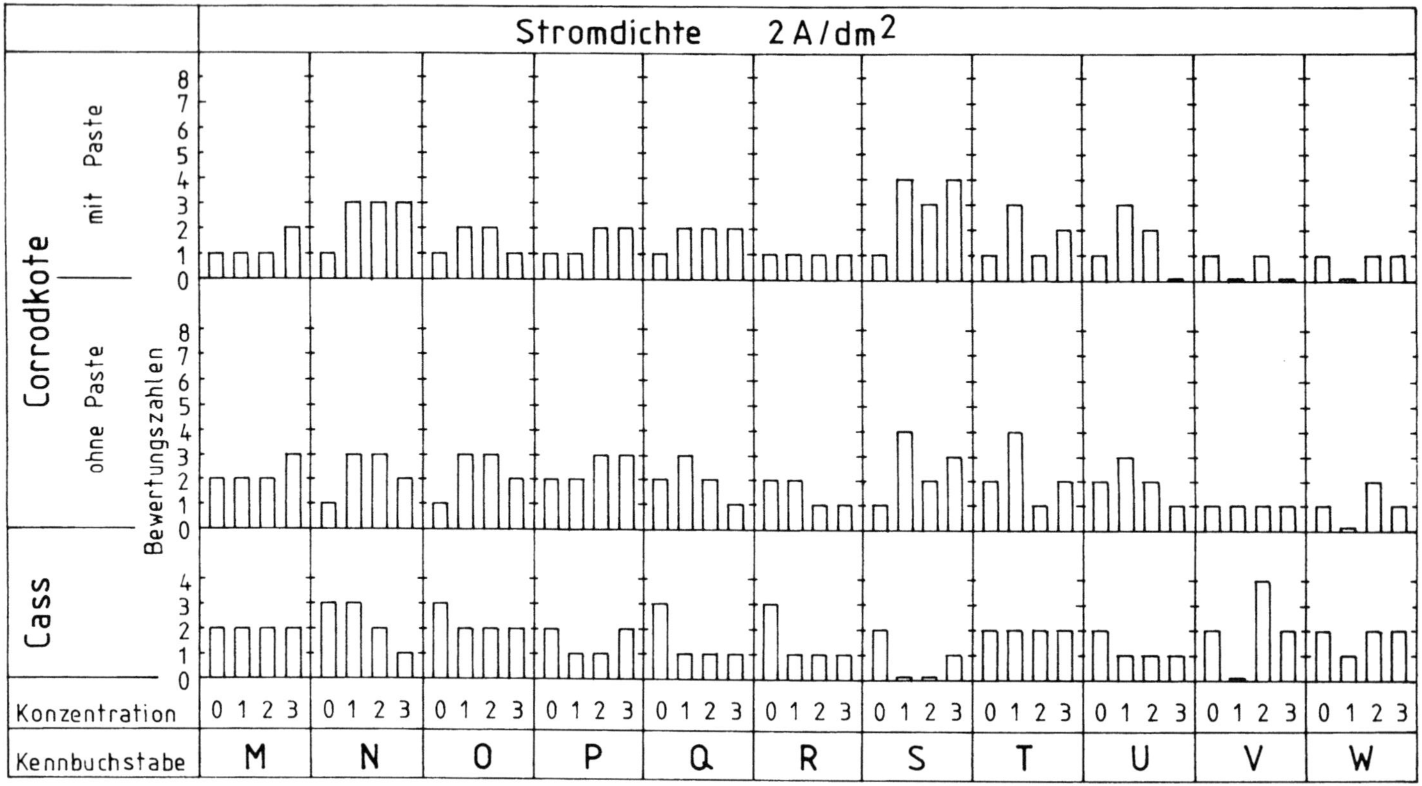

Bild 15 b: Bewertungszahlen in Abhängigkeit von der Konzentration

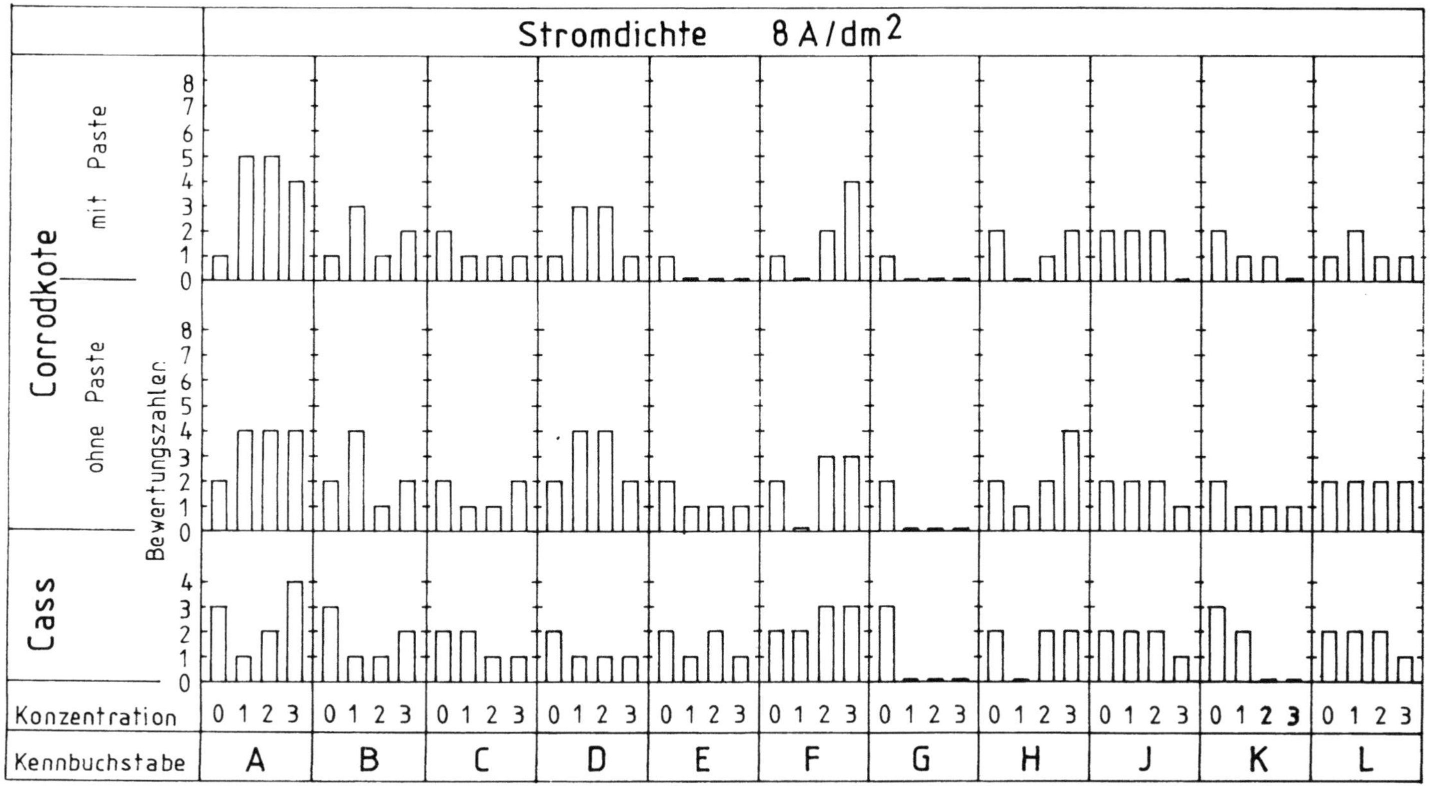

Bild 16 a: Bewertungszahlen in Abhängigkeit von der Konzentration

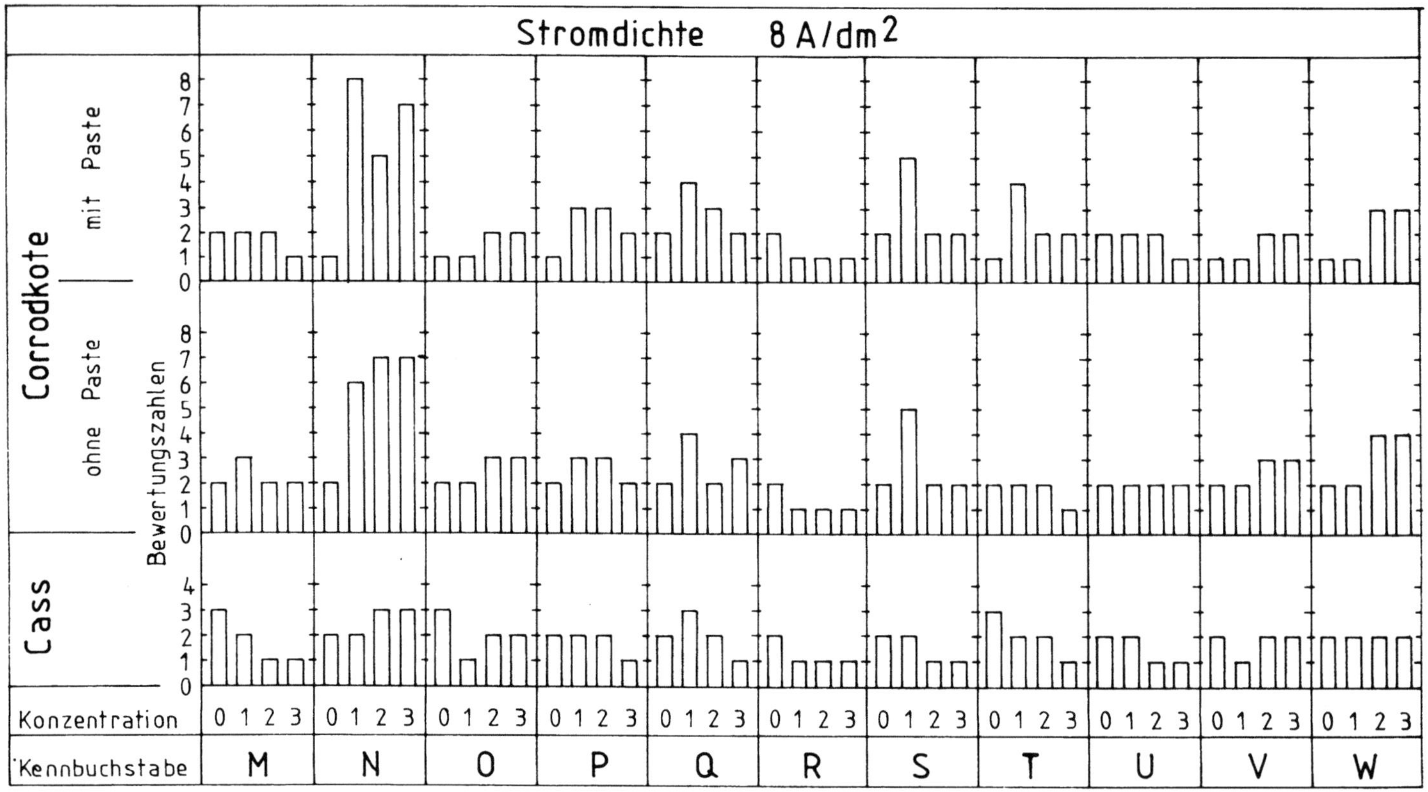

Bild 16 b: Bewertungszahlen in Abhängigkeit von der Konzentration

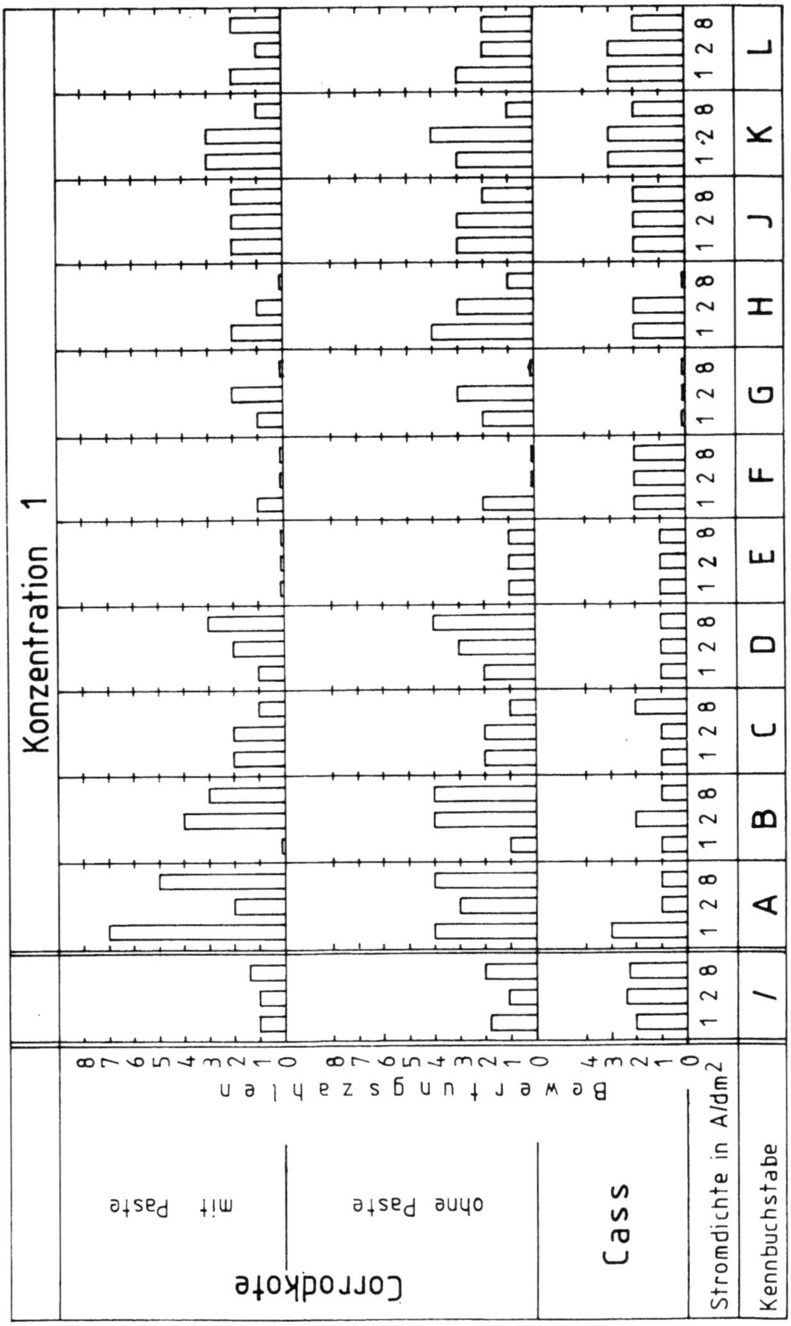

Bild 17a: Bewertungszahlen in Abhängigkeit von der Stromdichte

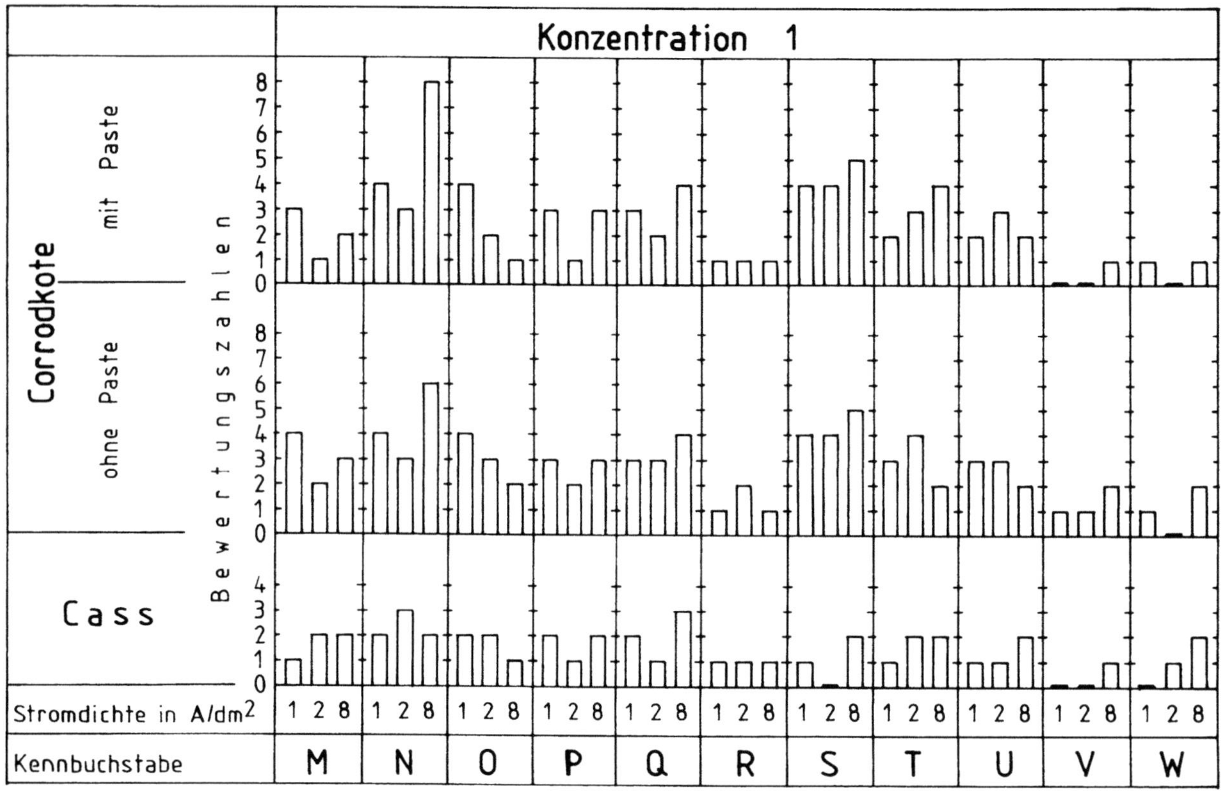

Bild 17b: Bewertungszahlen in Abhängigkeit von der Stromdichte

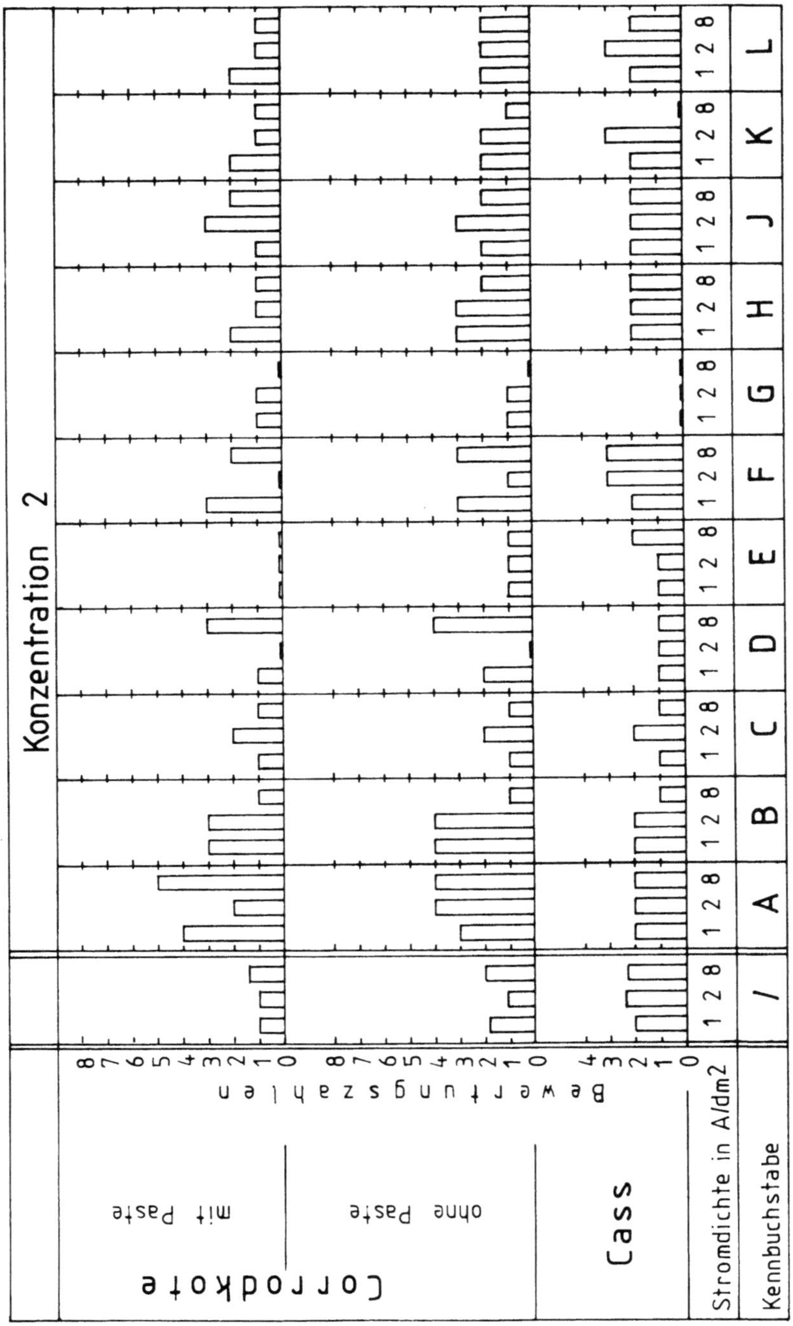

Bild 18a: Bewertungszahlen in Abhängigkeit von der Stromdichte

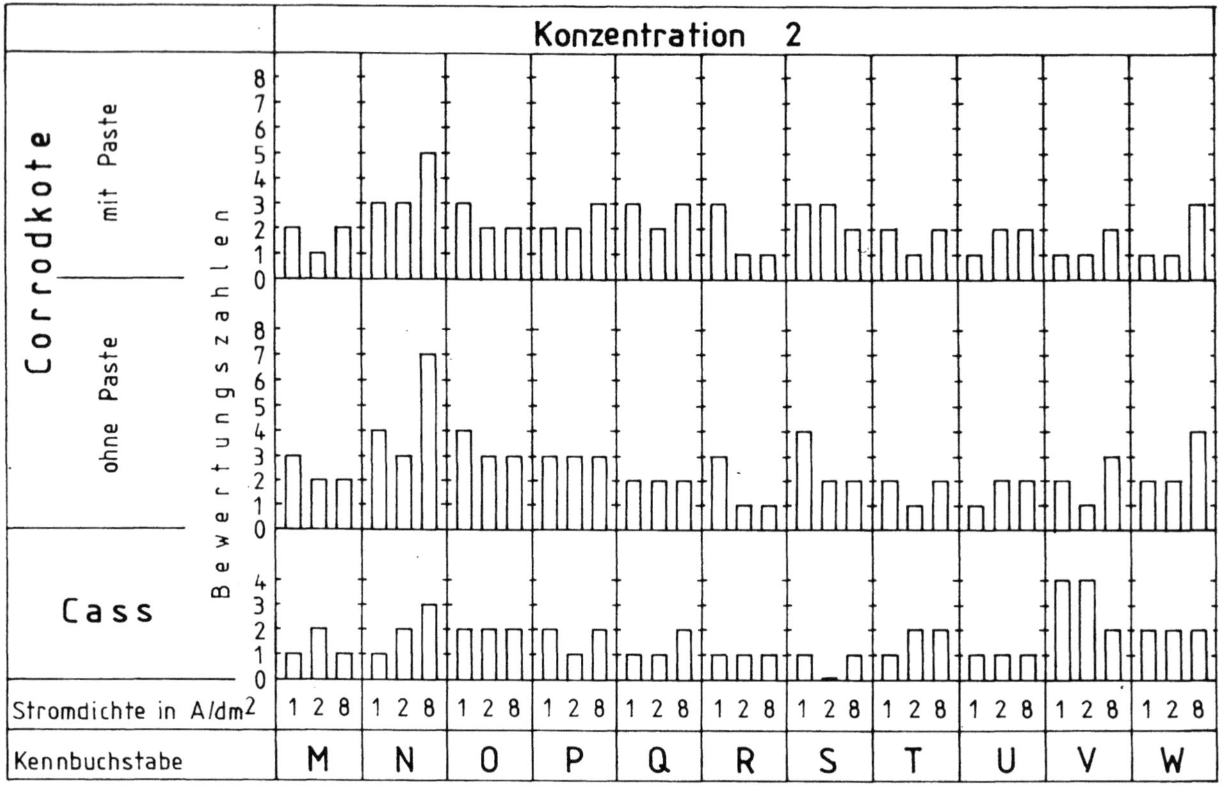

Bild 18b: Bewertungszahlen in Abhängigkeit von der Stromdichte

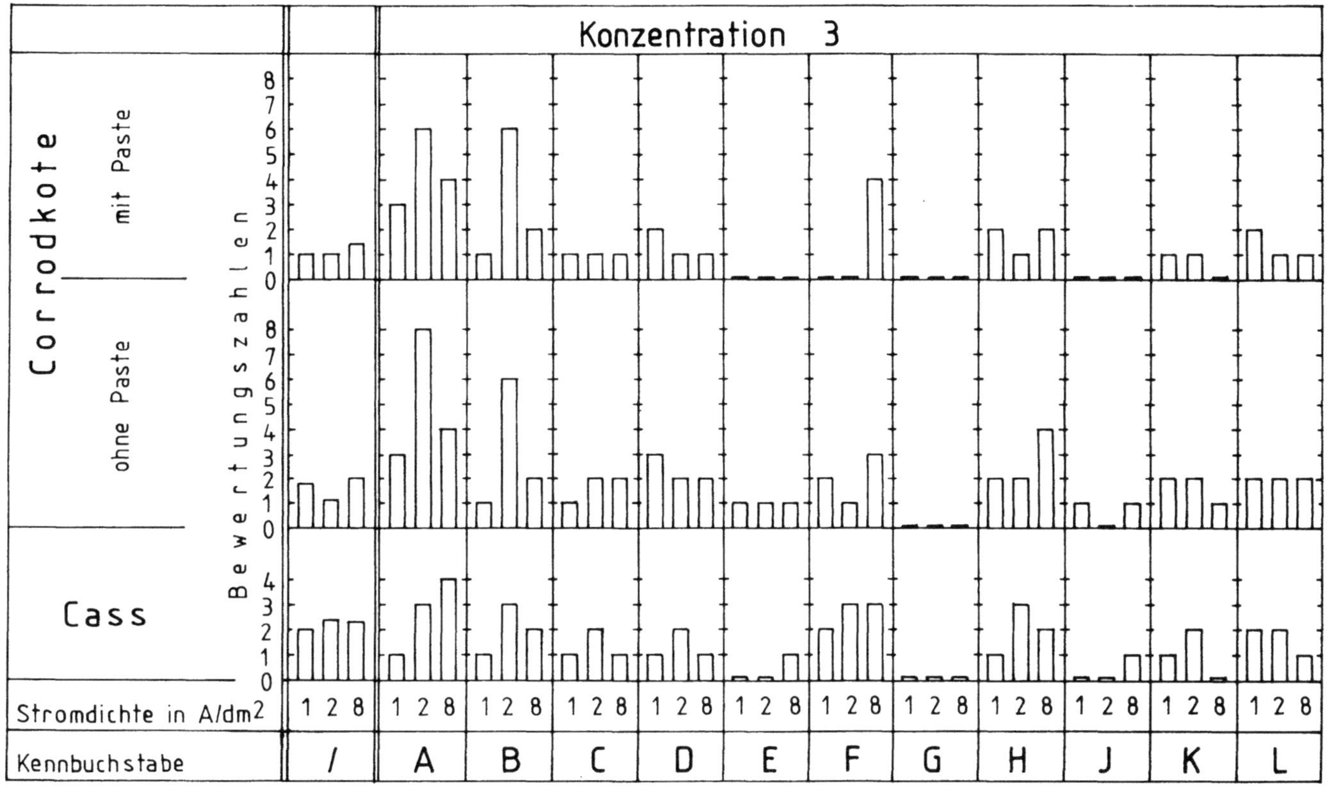

Bild 19a: Bewertungszahlen in Abhängigkeit von der Stromdichte

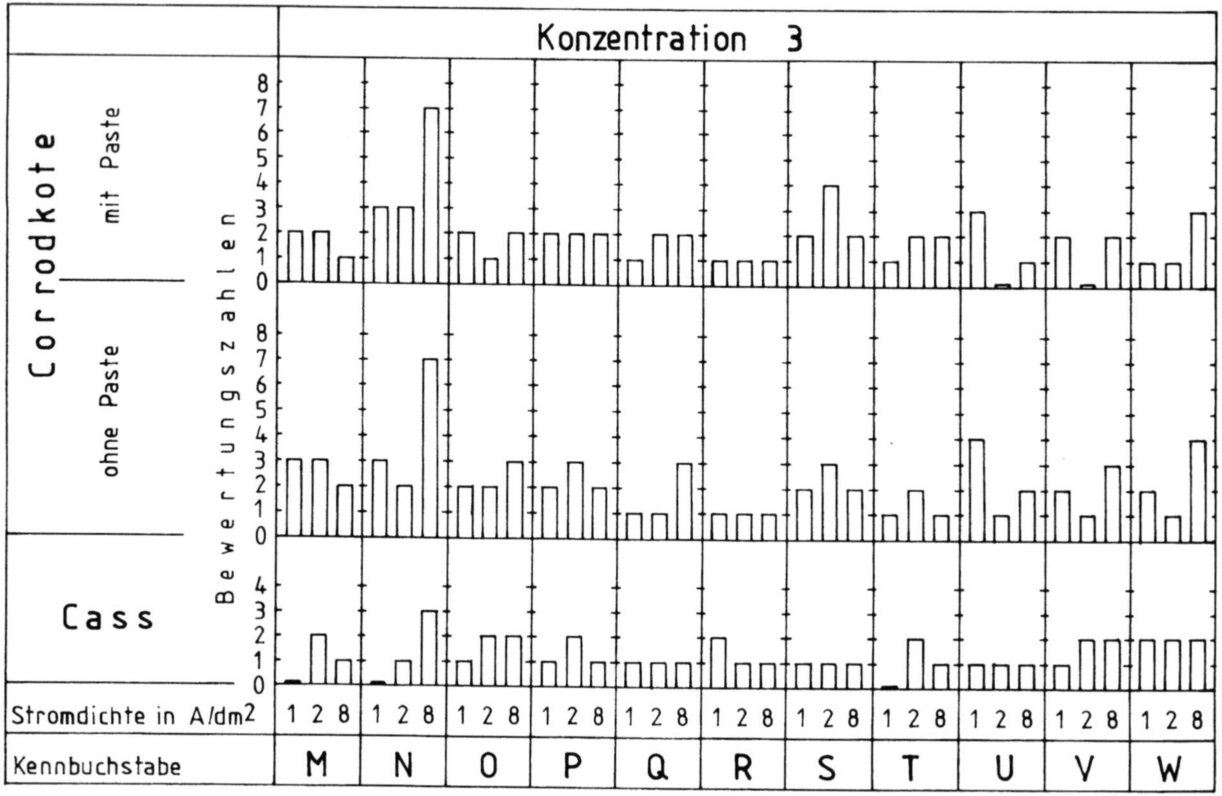

Bild 19b: Bewertungszahlen in Abhängigkeit von der Stromdichte

Bild 20 Korrosionsprüfgerät für den Cass-Test mit Temperiermantel

Bild 21 Korrosionsprüfgerät ohne Temperiermantel

Bild 22 Korrosionsprüfgerät für das Corrodkote - Verfahren

9.3 Fotografien der korrodierten Probebleche

Auf den Fotografien der korrodierten Probebleche lassen sich wegen der Verkleinerung zwischen den echten Fehlstellen und den Überzugsschäden, Verfärbungen usw. nur selten Unterschiede erkennen. Die Fotografien sollen aber einen allgemeinen Eindruck der Korrosionserscheinungen geben.
Die neben der gültigen Etikettierung noch teilweise zu erkennenden Schlagzahlen haben keine Bedeutung. Im Bericht wurde einer neuen Ordnung der Glanzzusätze nach der chemischen Zusammensetzung der Vorzug gegeben, die bei den Versuchen noch nicht berücksichtigt wurde. Dies erforderte eine Änderung der Kennzeichnung der Probebleche ohne jeden Einfluß auf die Ergebnisse.

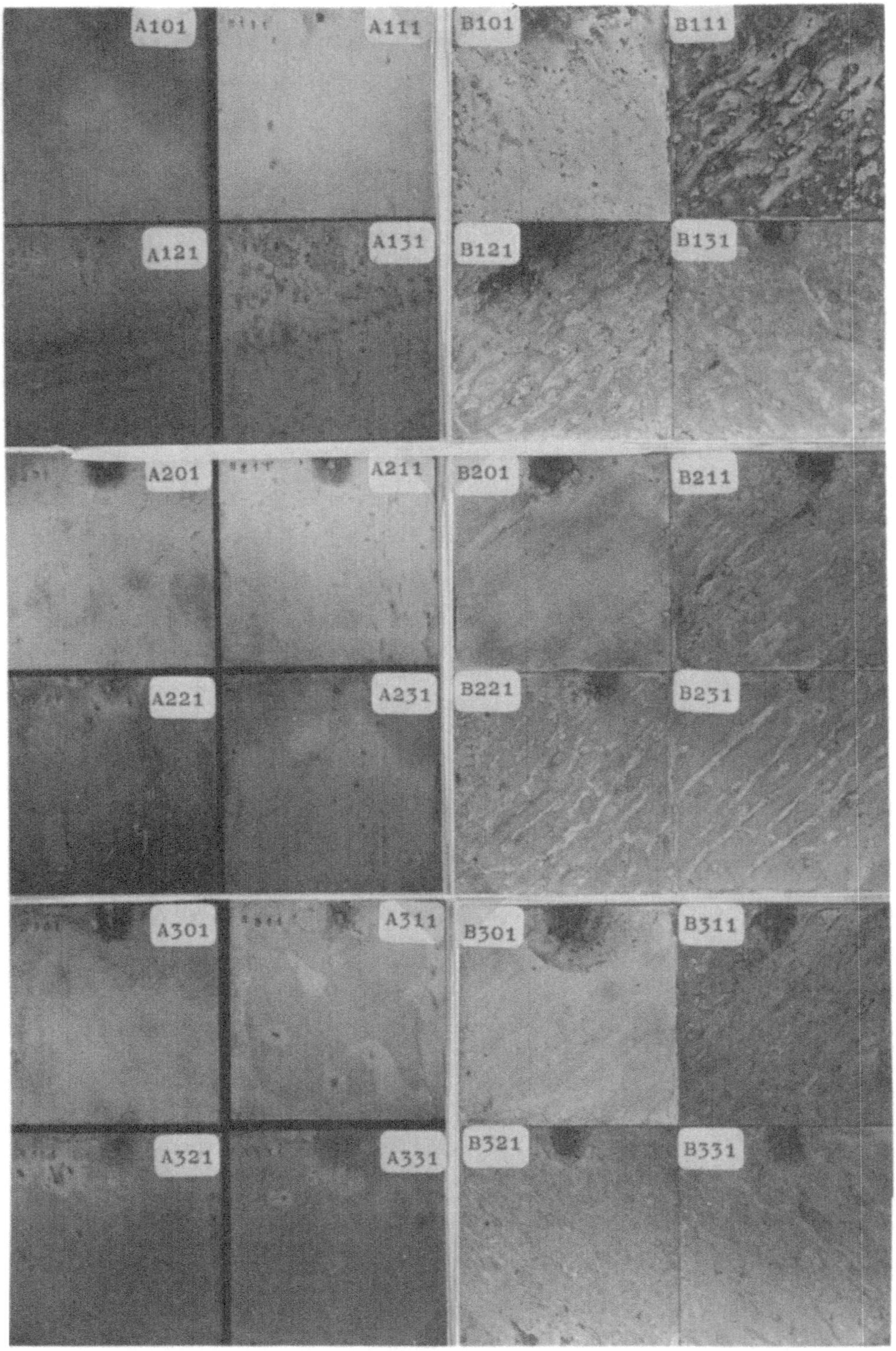
A101
A111
B101
B111
A121
A131
B121
B131
A201
A211
B201
B211
A221
A231
B221
B231
A301
A311
B301
B311
A321
A331
B321
B331

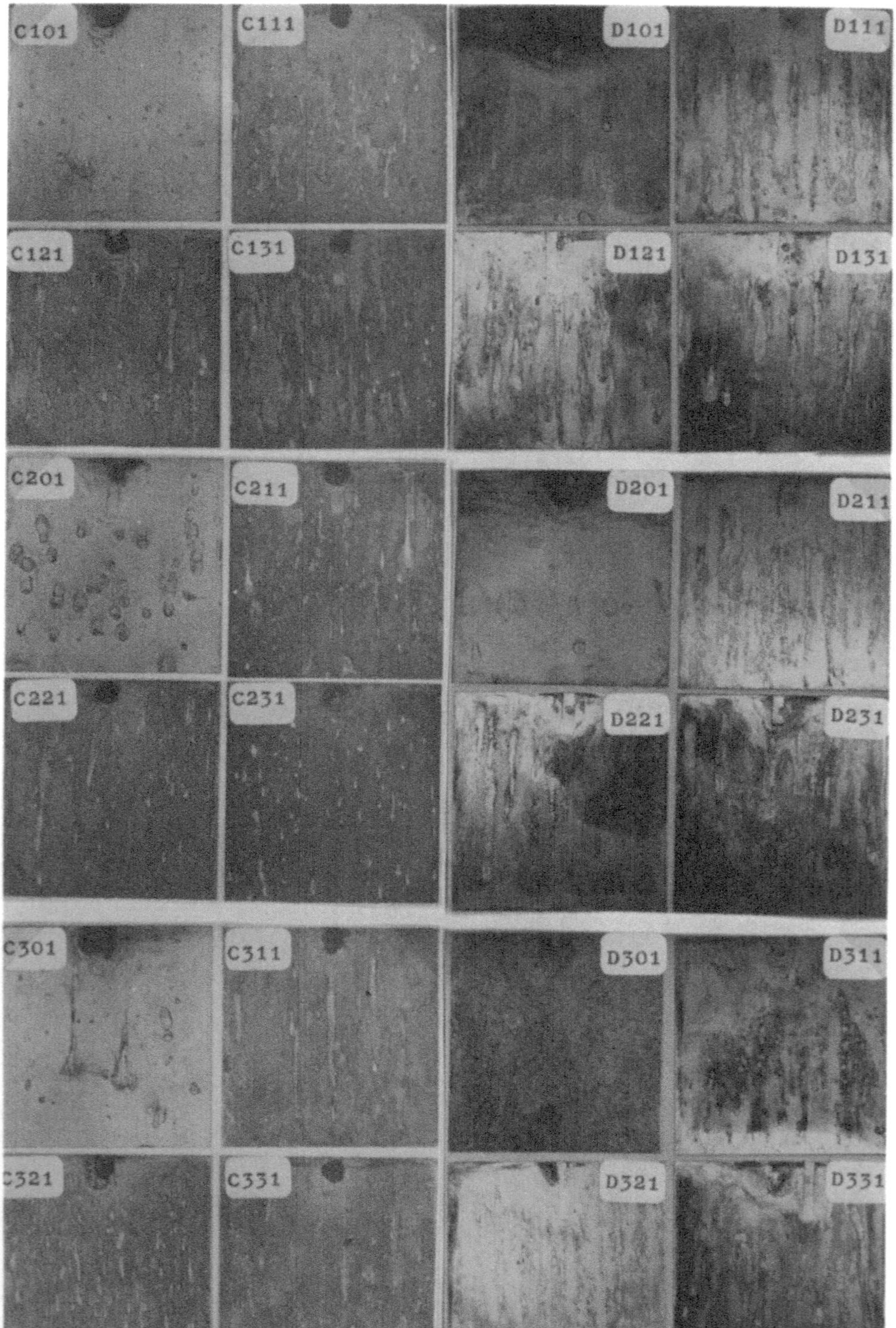
C101
C111
D101
D111
C121
C131
D121
D131
C201
C211
D201
D211
C221
C231
D221
D231
C301
C311
D301
D311
C321
C331
D321
D331

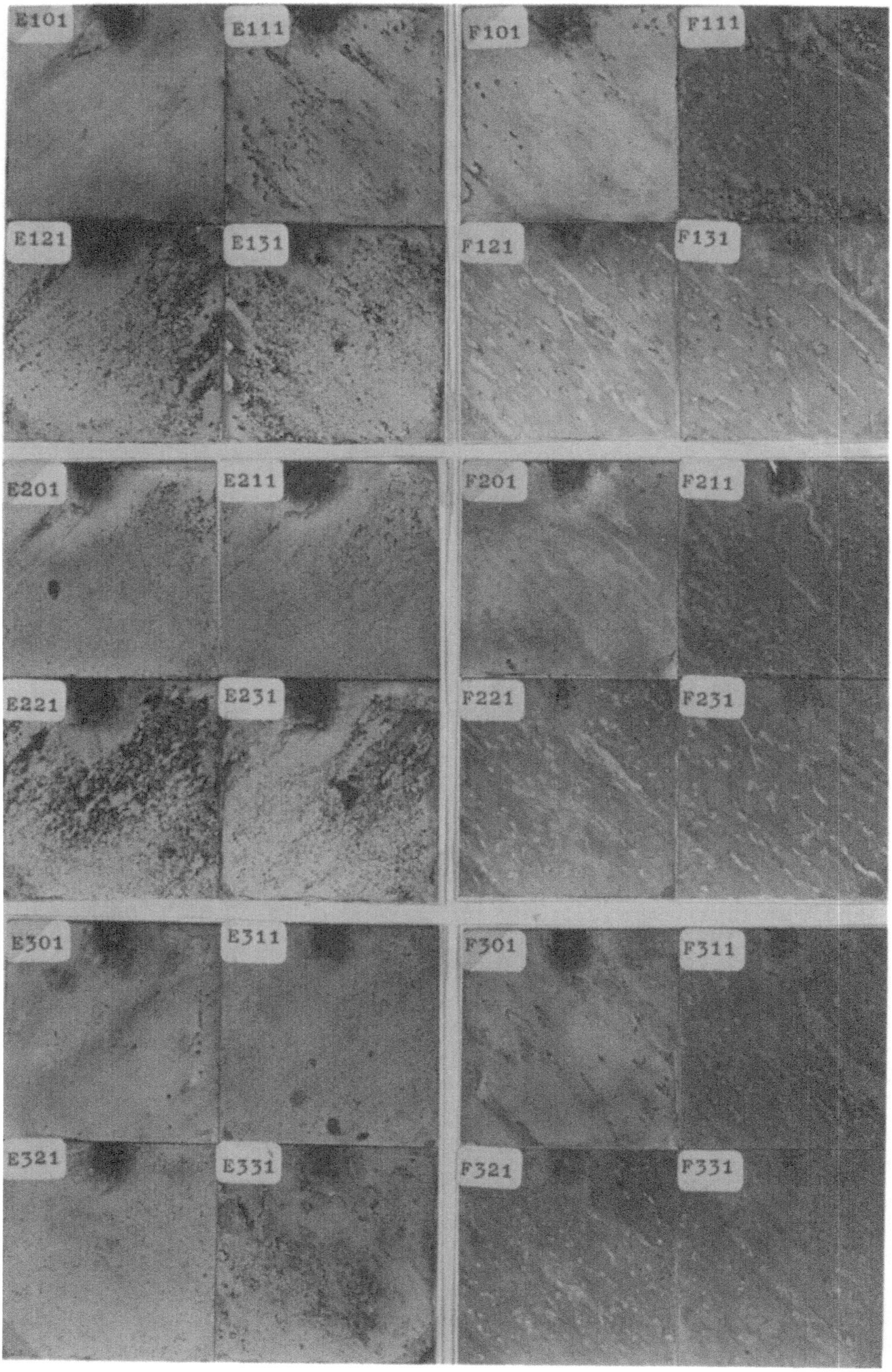
E101
E111
F101
F111
E121
E131
F121
F131
E201
E211
F201
F211
E221
E231
F221
F231
E301
E311
F301
F311
E321
E331
F321
F331

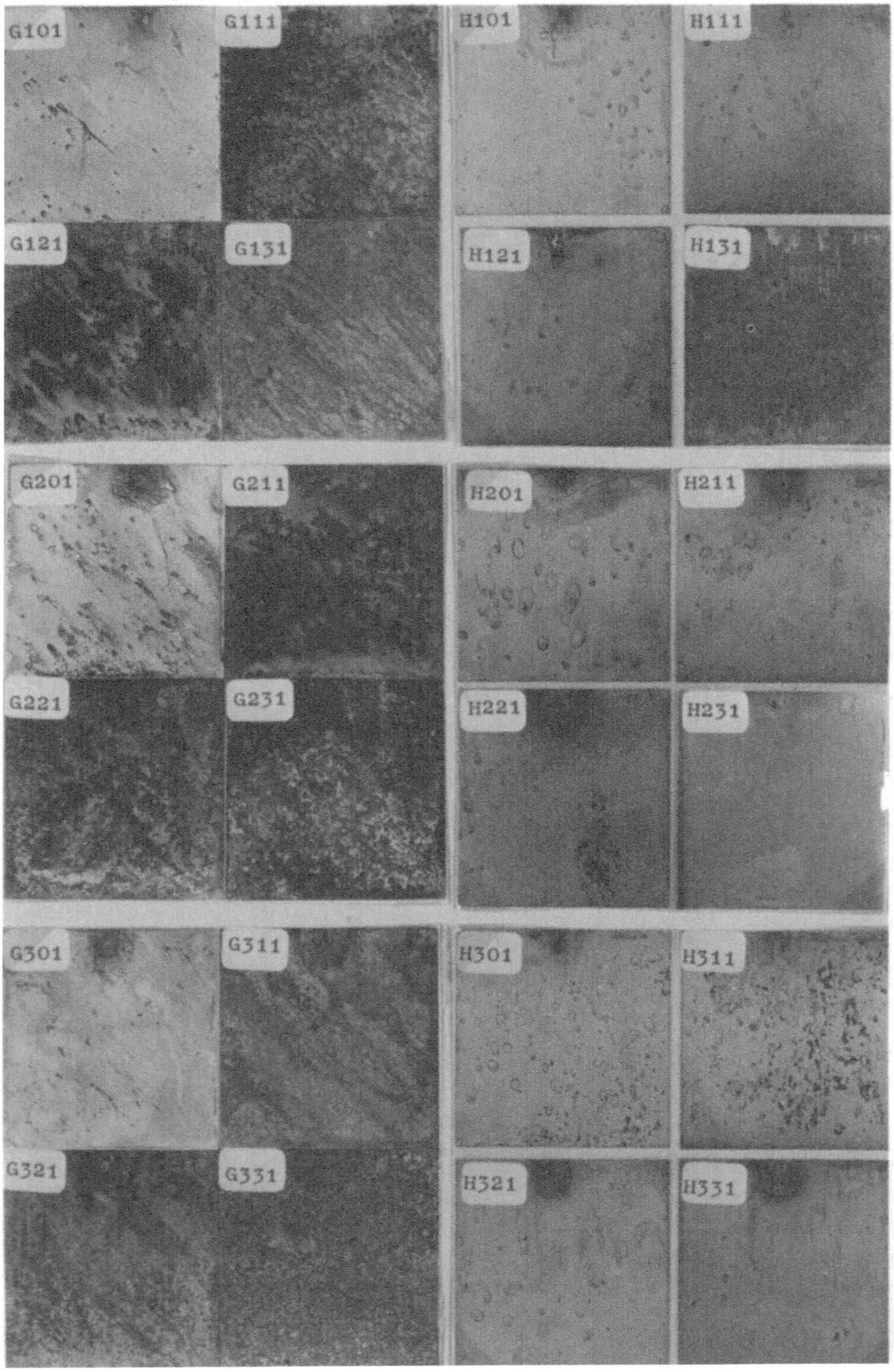
G101
G111
H101
H111
G121
G131
H121
H131
G201
G211
H201
H211
G221
G231
H221
H231
G301
G311
H301
H311
G321
G331
H321
H331

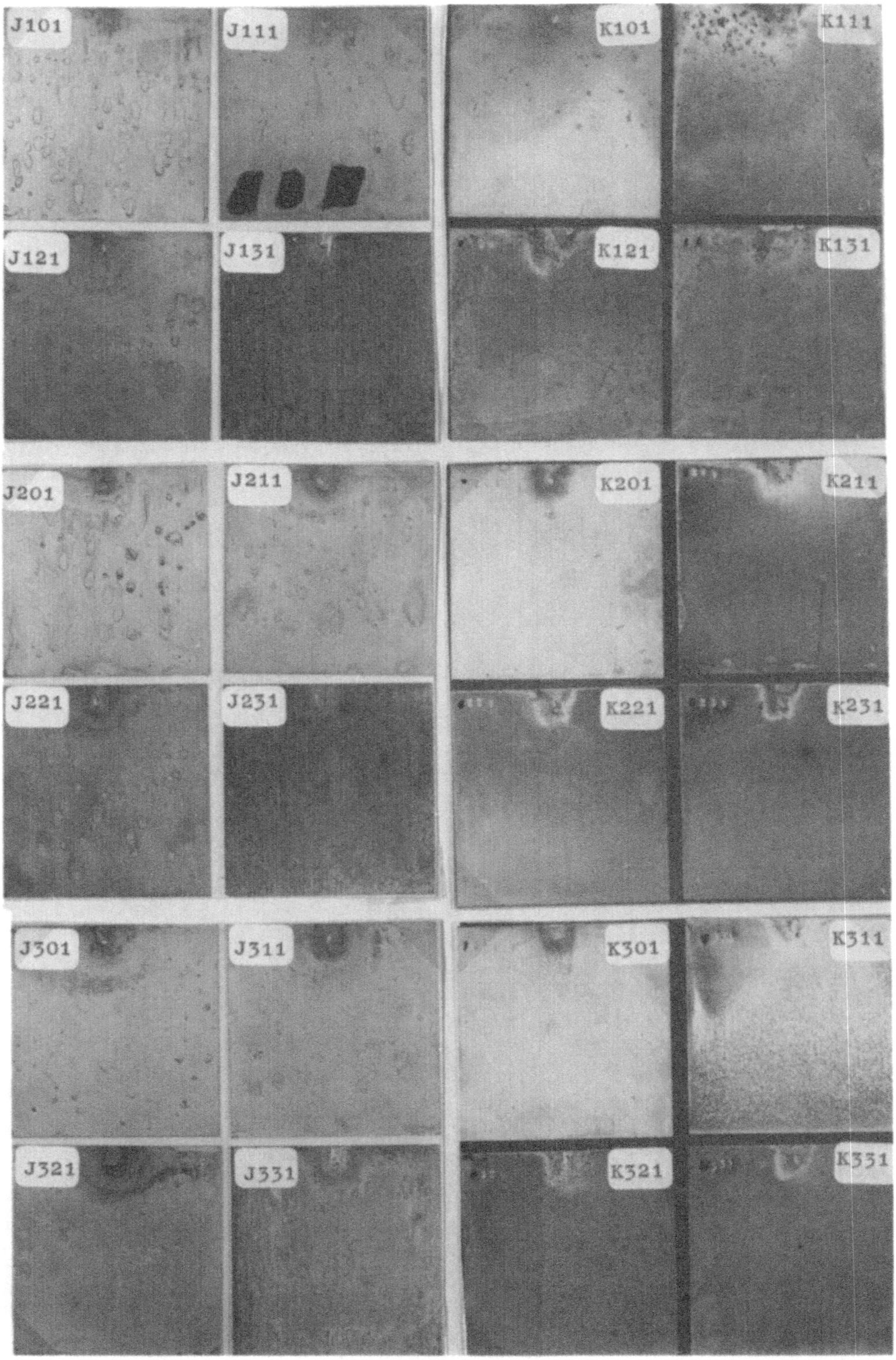
J101
J111
K101
K111
J121
J131
K121
K131
J201
J211
K201
K211
J221
J231
K221
K231
J301
J311
K301
K311
J321
J331
K321
K331

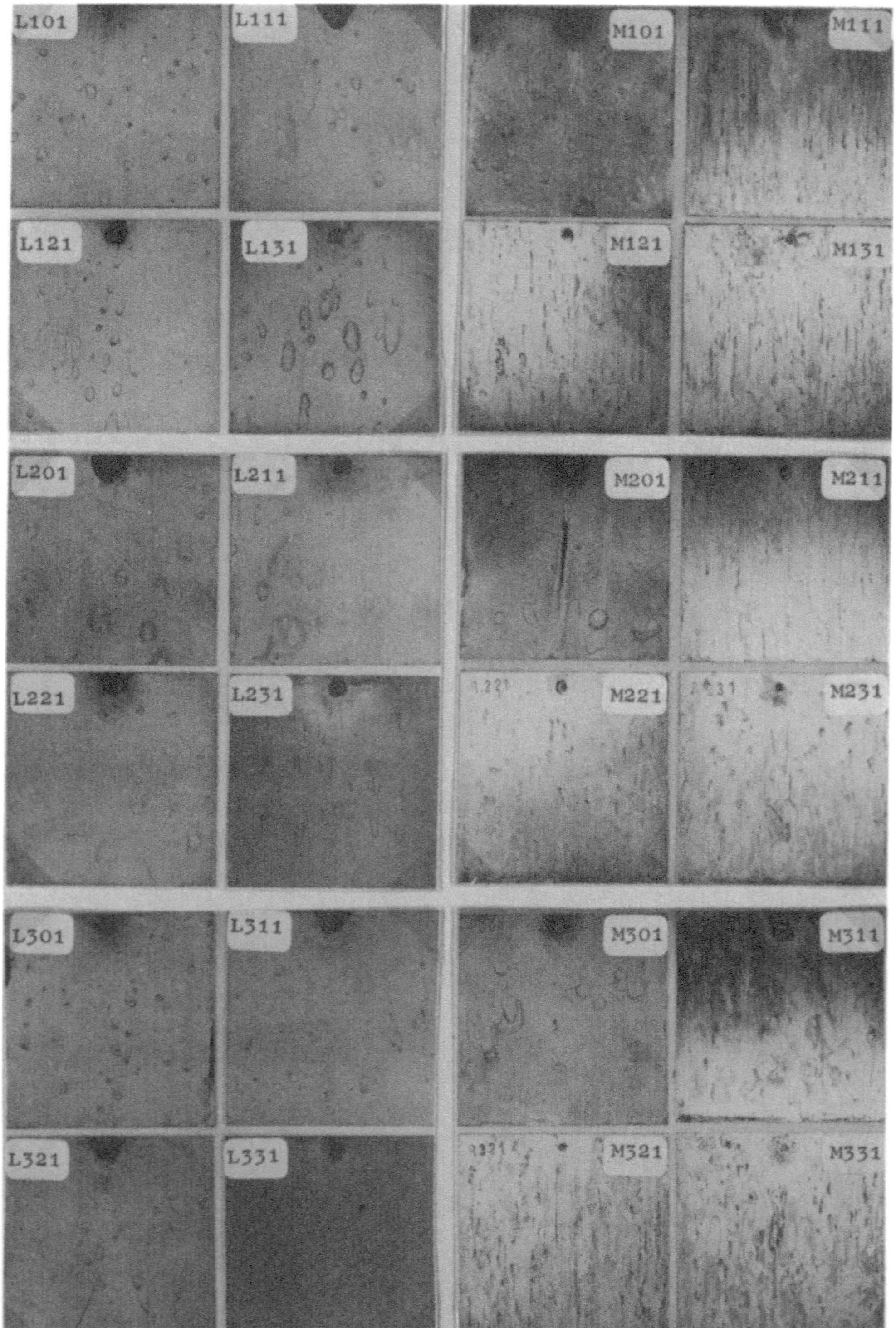
L101
L111
M101
M111
L121
L131
M121
M131
L201
L211
M201
M211
L221
L231
M221
M231
L301
L311
M301
M311
L321
L331
M321
M331

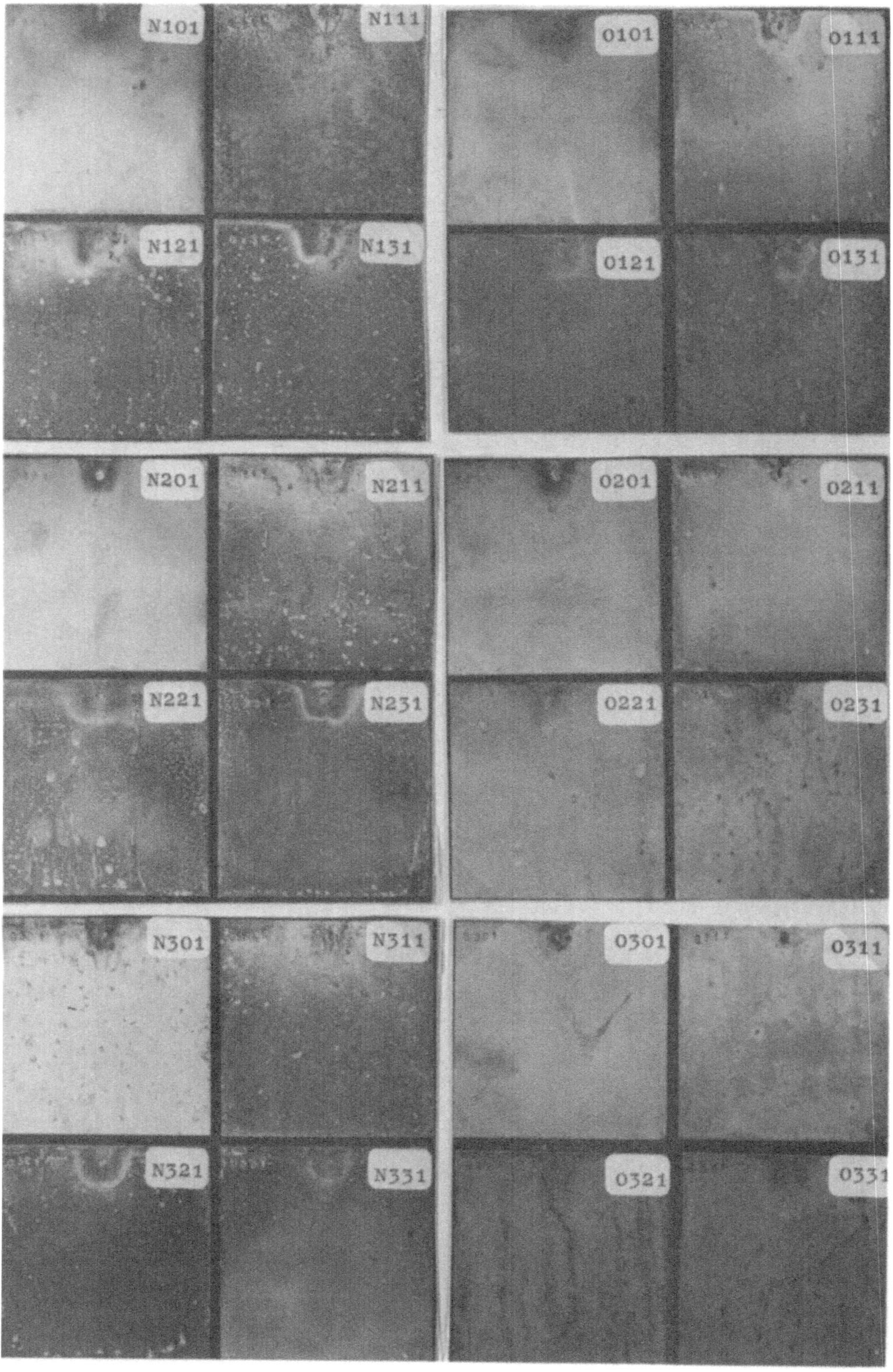
N101
N111
0101
0111
N121
N131
0121
0131
N201
N211
0201
0211
N221
N231
0221
0231
N301
N311
0301
0311
N321
N331
0321
0331

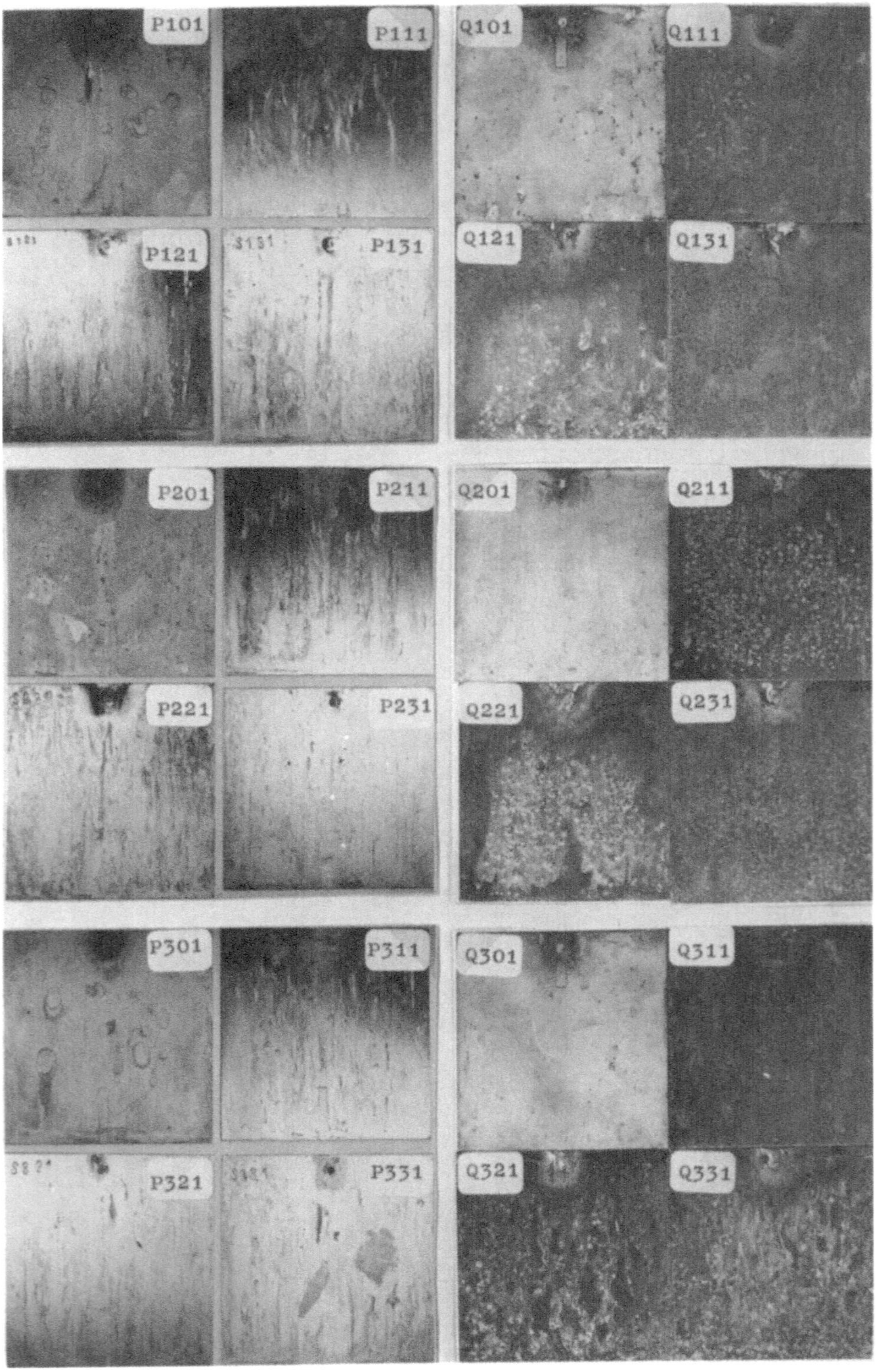
P101
P111
Q101
Q111
P121
P131
Q121
Q131
P201
P211
Q201
Q211
P221
P231
Q221
Q231
P301
P311
Q301
Q311
P321
P331
Q321
Q331

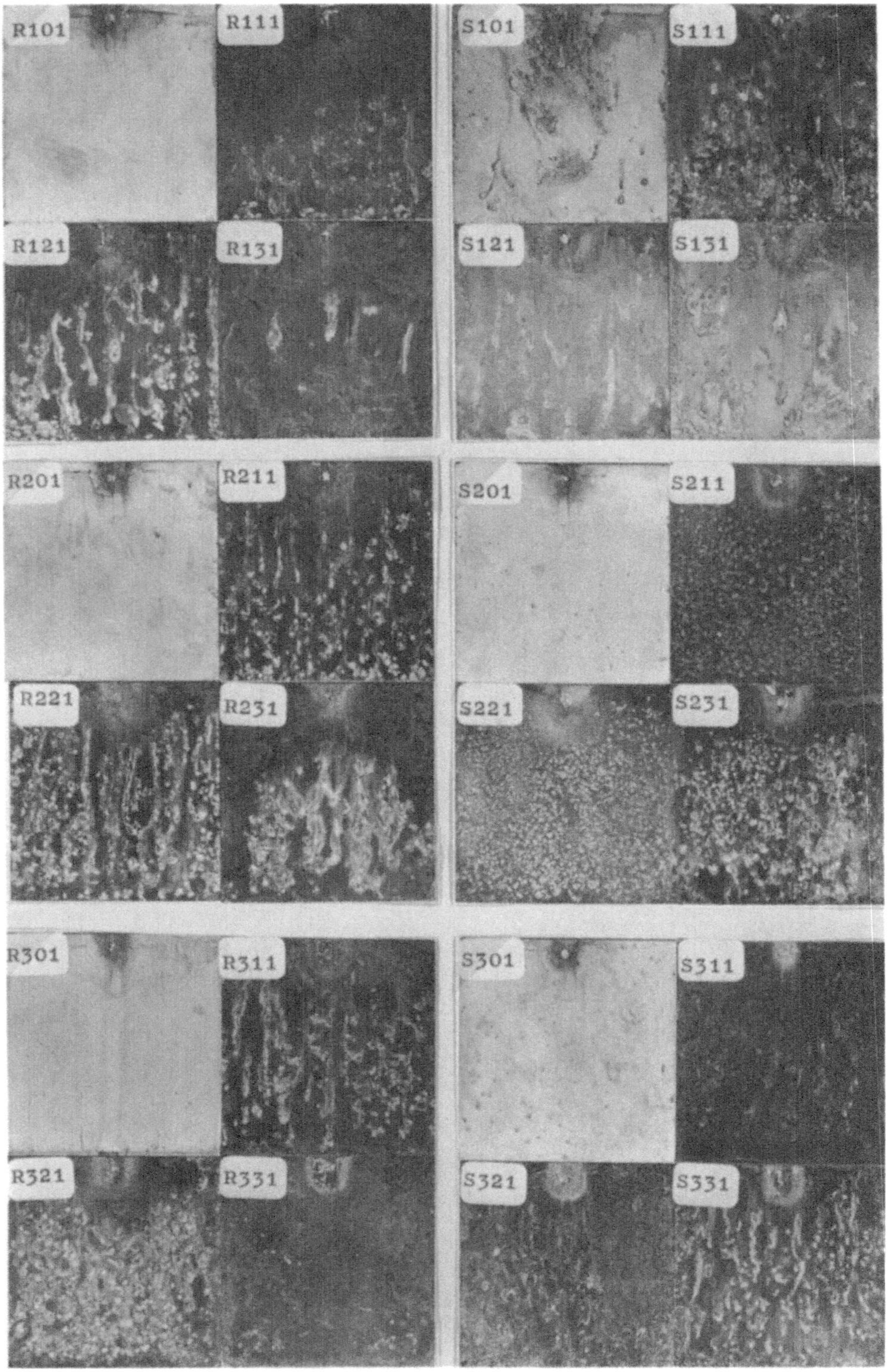
R101
R111
S101
S111
R121
R131
S121
S131
R201
R211
S201
S211
R221
R231
S221
S231
R301
R311
S301
S311
R321
R331
S321
S331

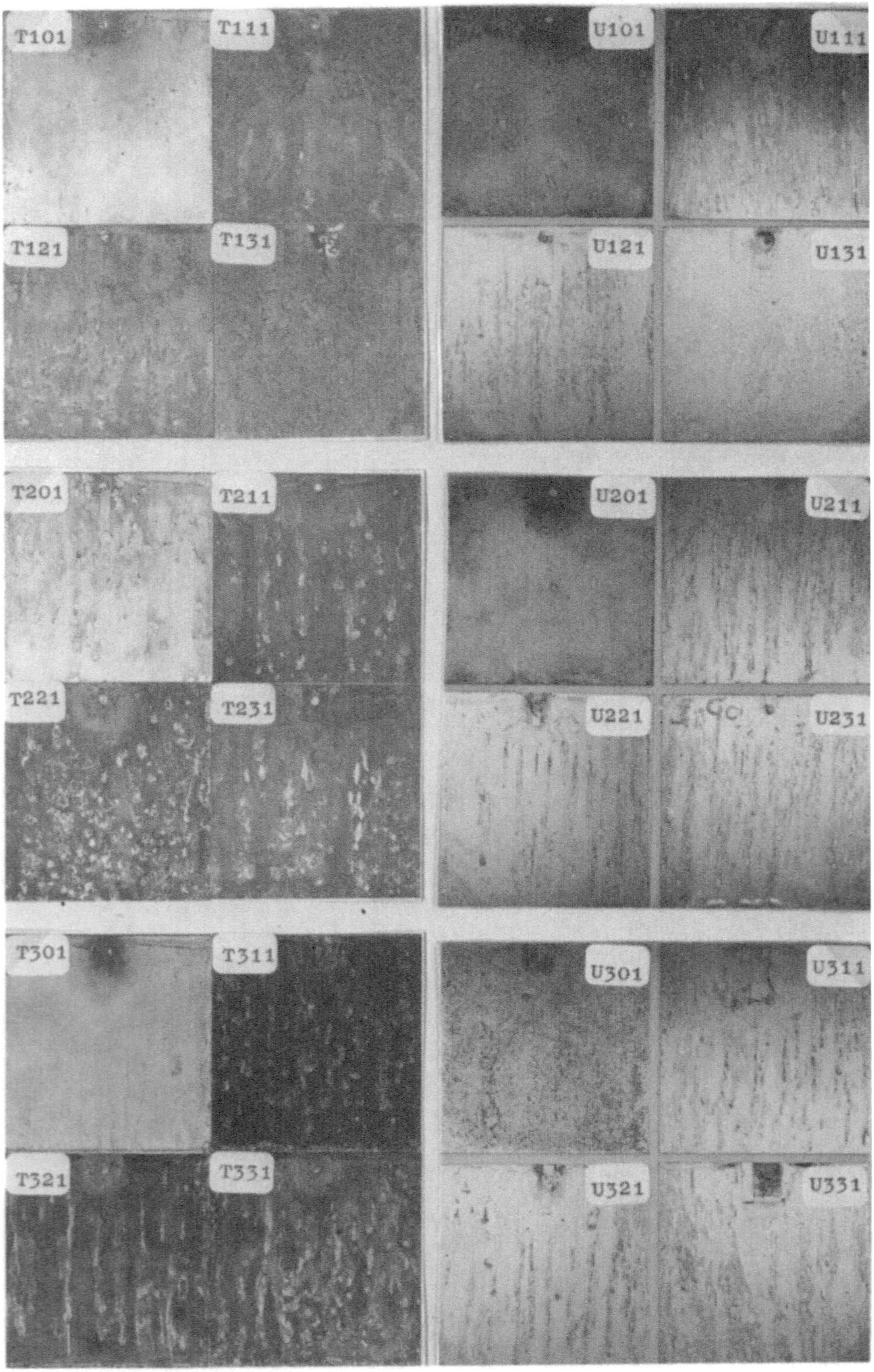
T101
T111
U101
U111
T121
T131
U121
U131
T201
T211
U201
U211
T221
T231
U221
U231
T301
T311
U301
U311
T321
T331
U321
U331

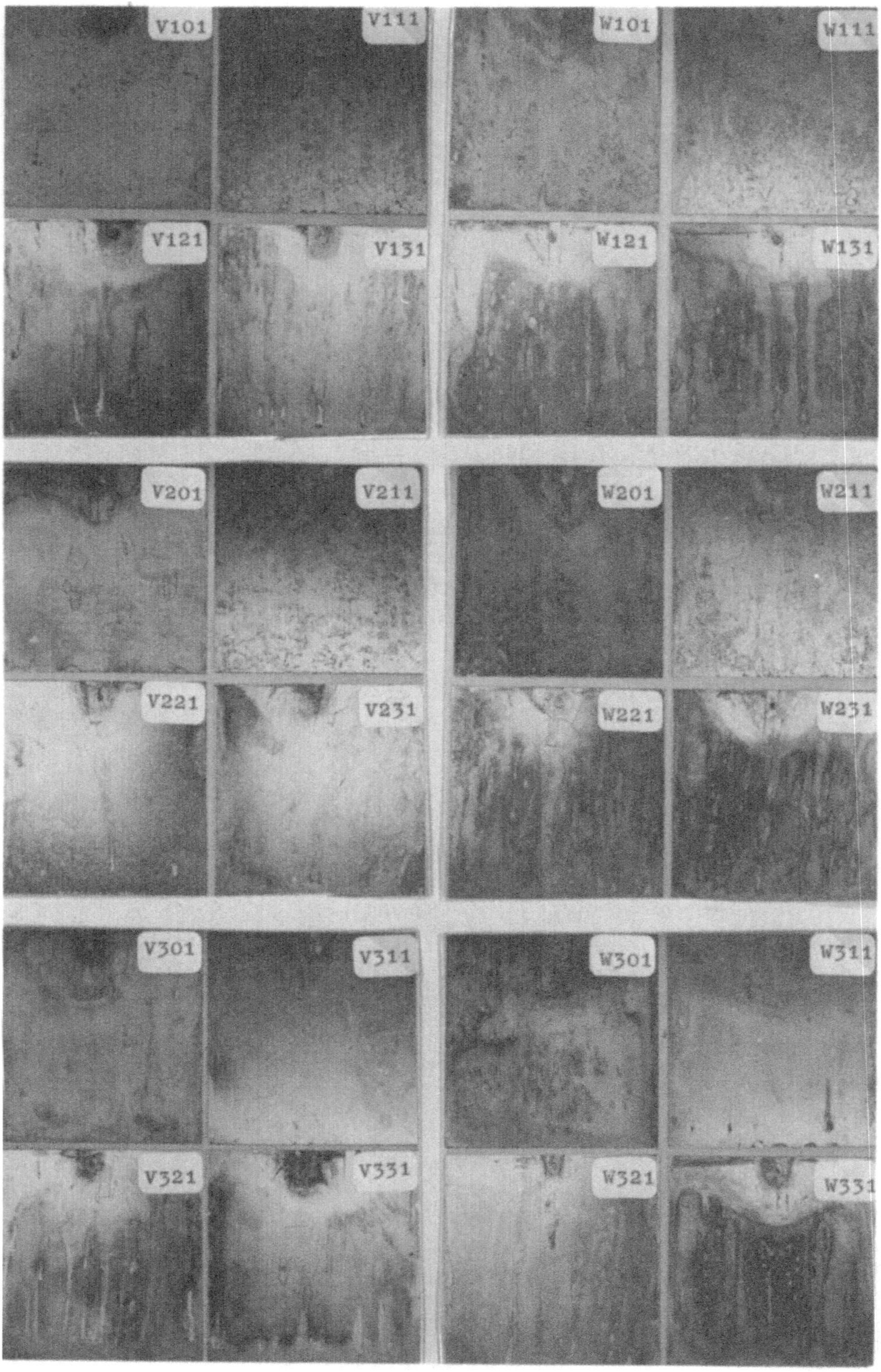
V101
V111
W101
W111
V121
V131
W121
W131
V201
V211
W201
W211
V221
V231
W221
W231
V301
V311
W301
W311
V321
V331
W321
W331

A102
A112
B102
B112
A122
A132
B122
B132
A202
A212
B202
B212
A222
A232
B222
B232
A302
A312
B302
B312
A322
A332
B322
B332

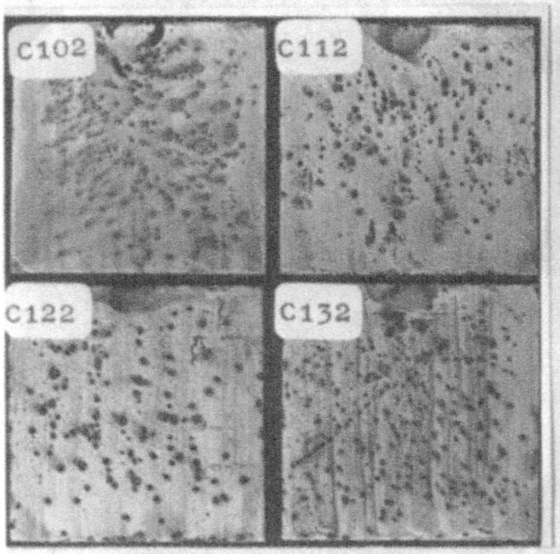
C102
C112
C122
C132

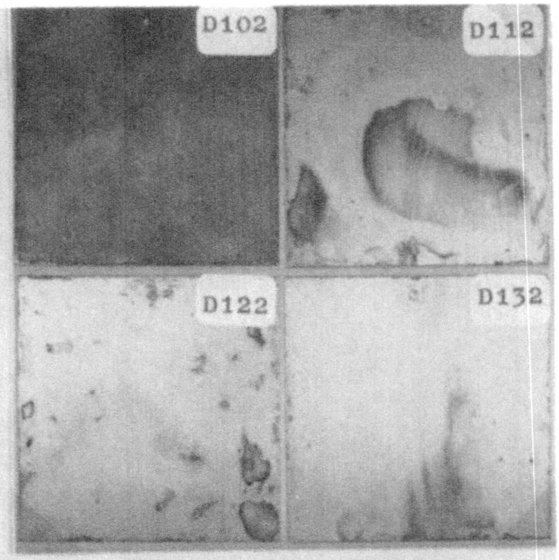
D102
D112
D122
D132

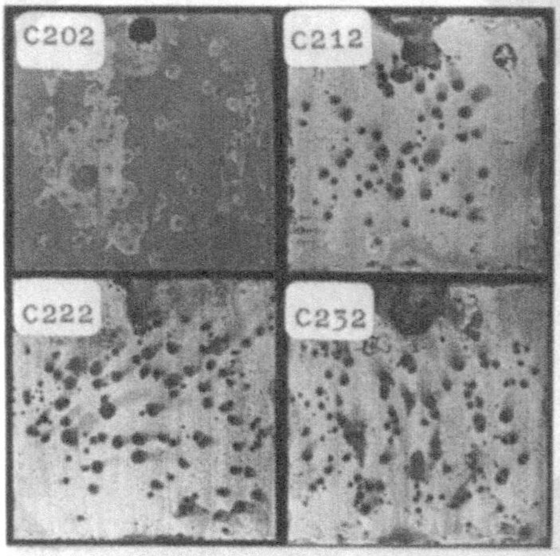
C202
C212
C222
C232

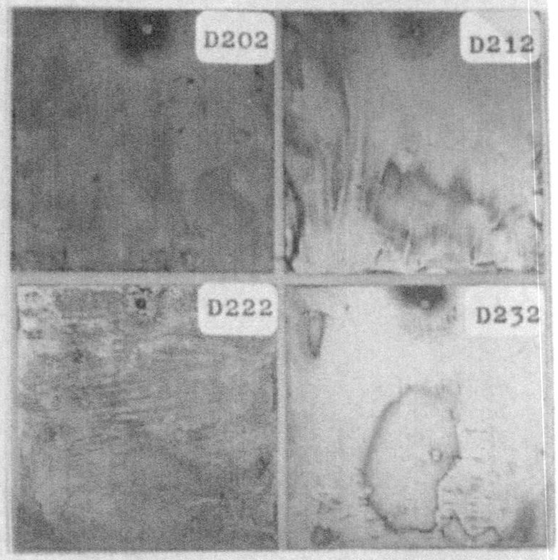
D202
D212
D222
D232

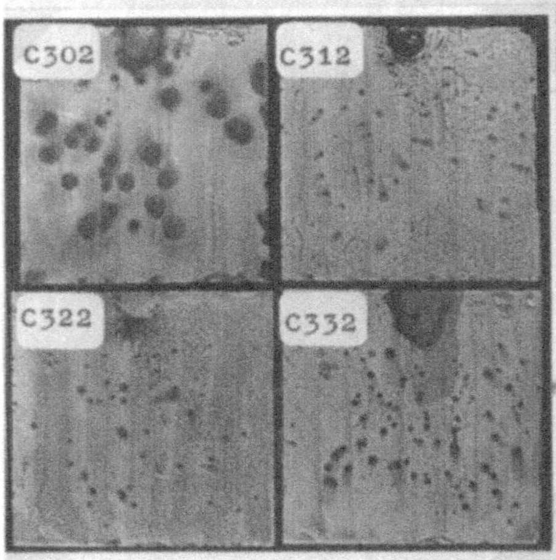
C302
C312
C322
C332

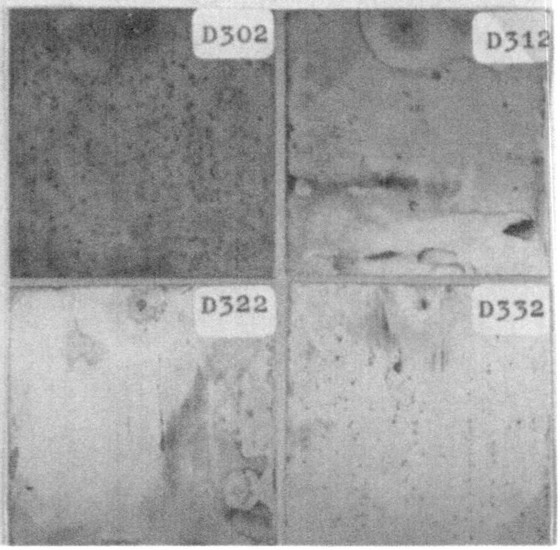
D302
D312
D322
D332

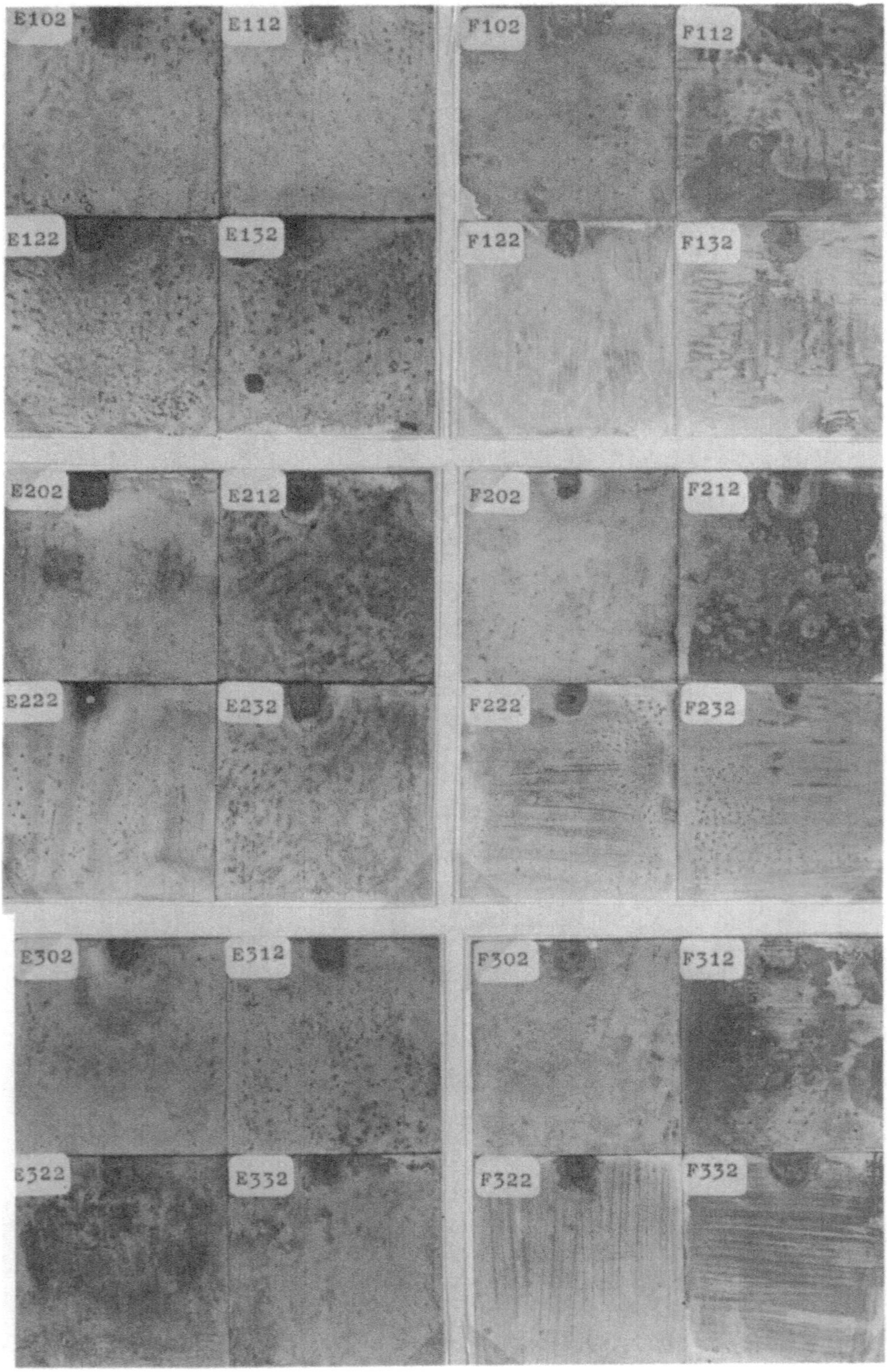
E102
E112
F102
F112
E122
E132
F122
F132
E202
E212
F202
F212
E222
E232
F222
F232
E302
E312
F302
F312
E322
E332
F322
F332

G102
G112
G122
G132

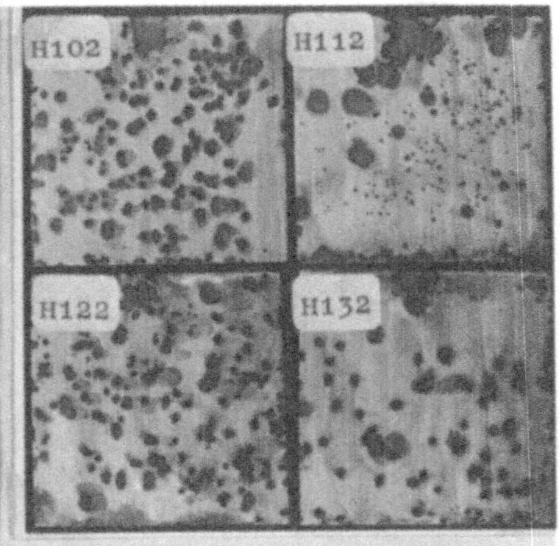
H102
H112
H122
H132

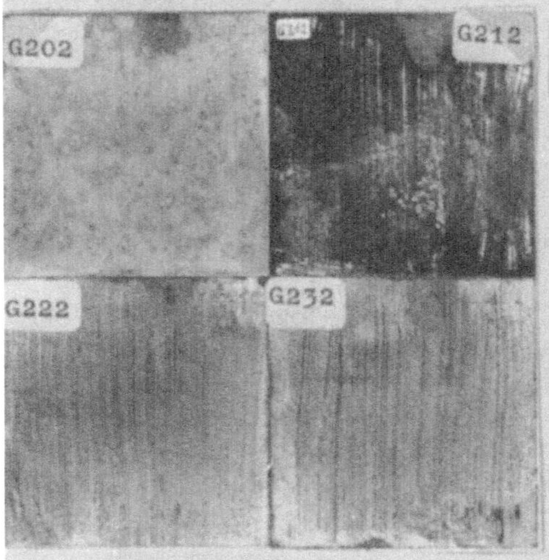
G202
G212
G222
G232

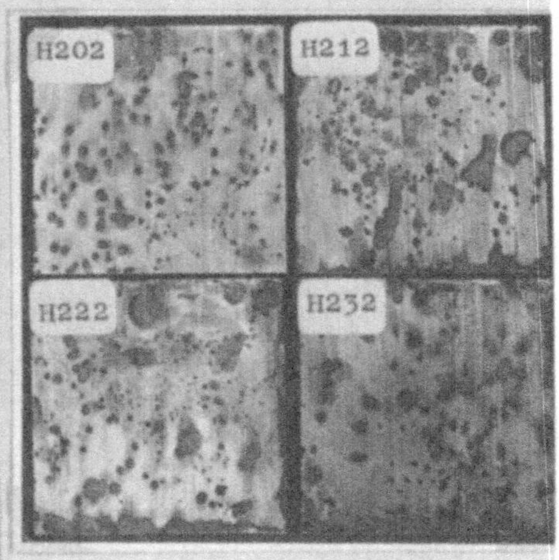
H202
H212
H222
H232

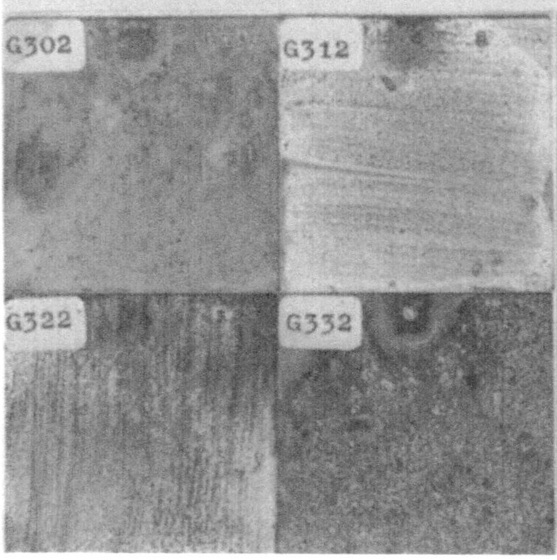
G302
G312
G322
G332

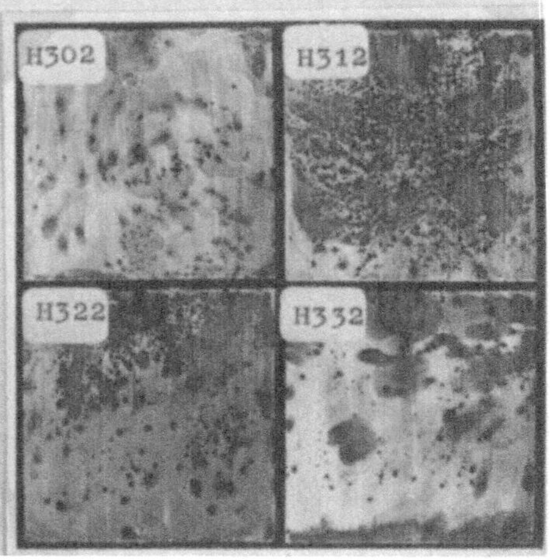
H302
H312
H322
H332

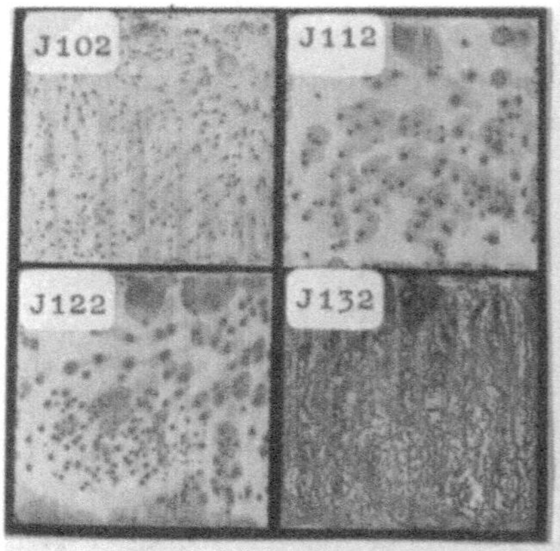
J102
J112
J122
J132

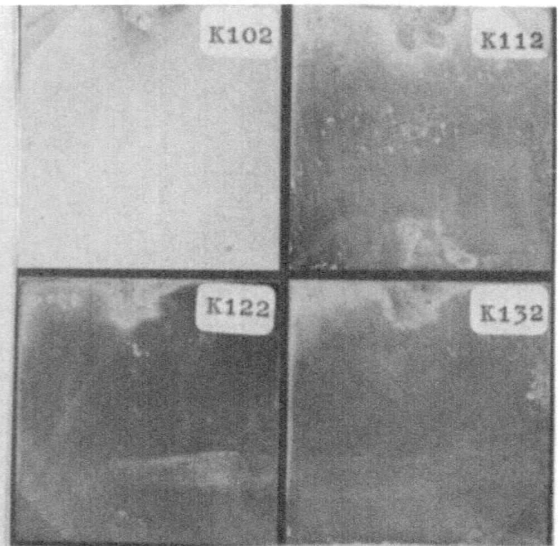
K102
K112
K122
K132

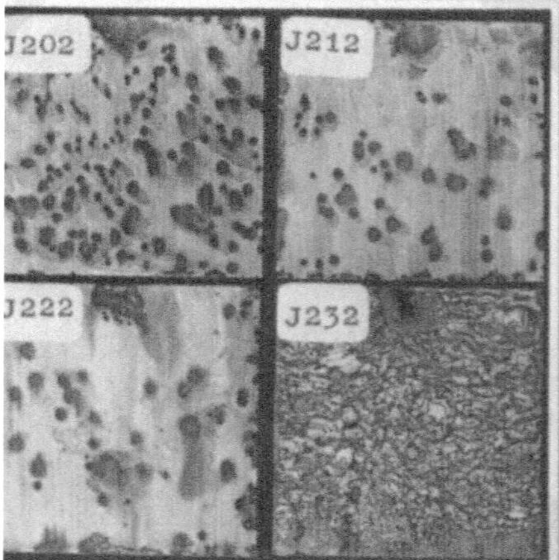
J202
J212
J222
J232

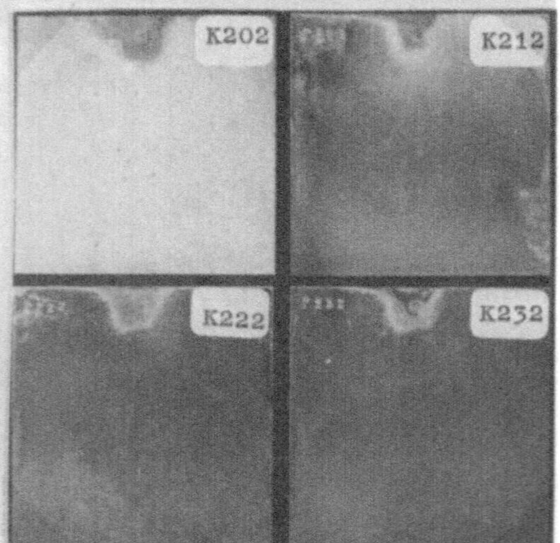
K202
K212
K222
K232

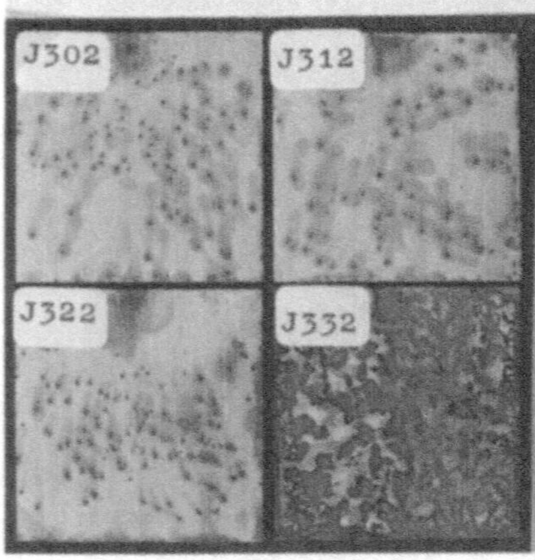
J302
J312
J322
J332

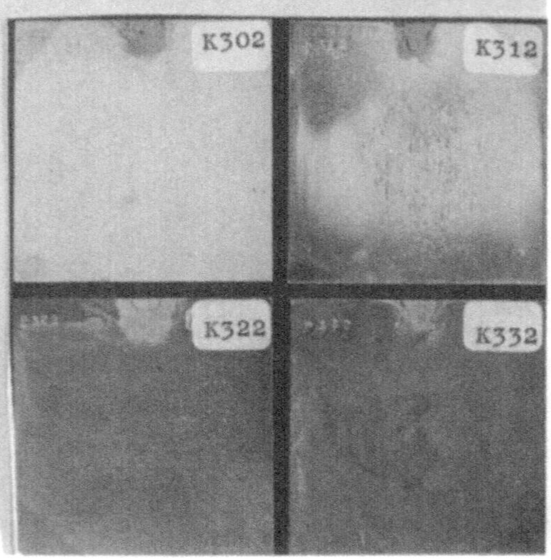
K302
K312
K322
K332

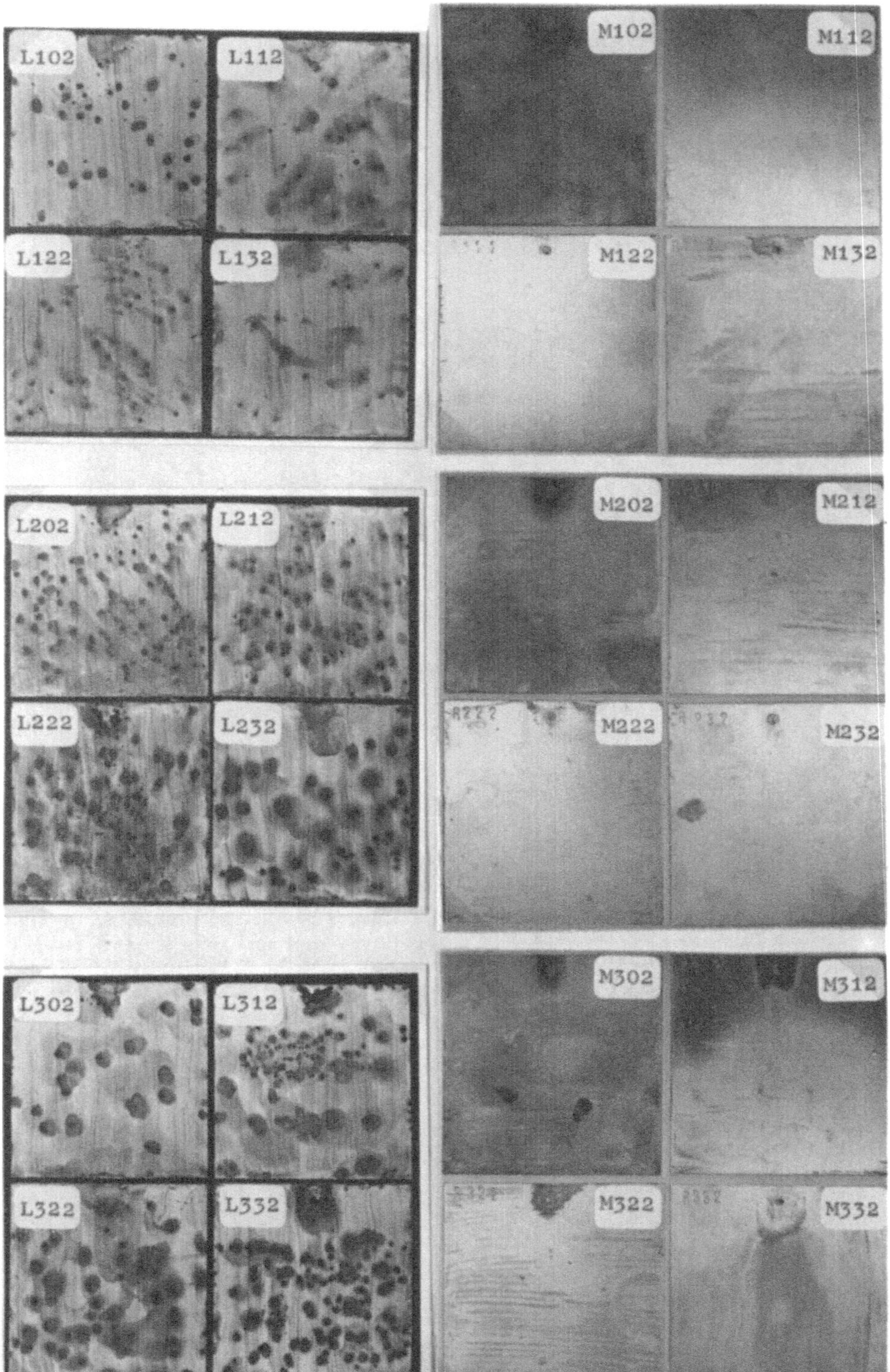
L102
L112
L122
L132
M102
M112
M122
M132
L202
L212
L222
L232
M202
M212
M222
M232
L302
L312
L322
L332
M302
M312
M322
M332

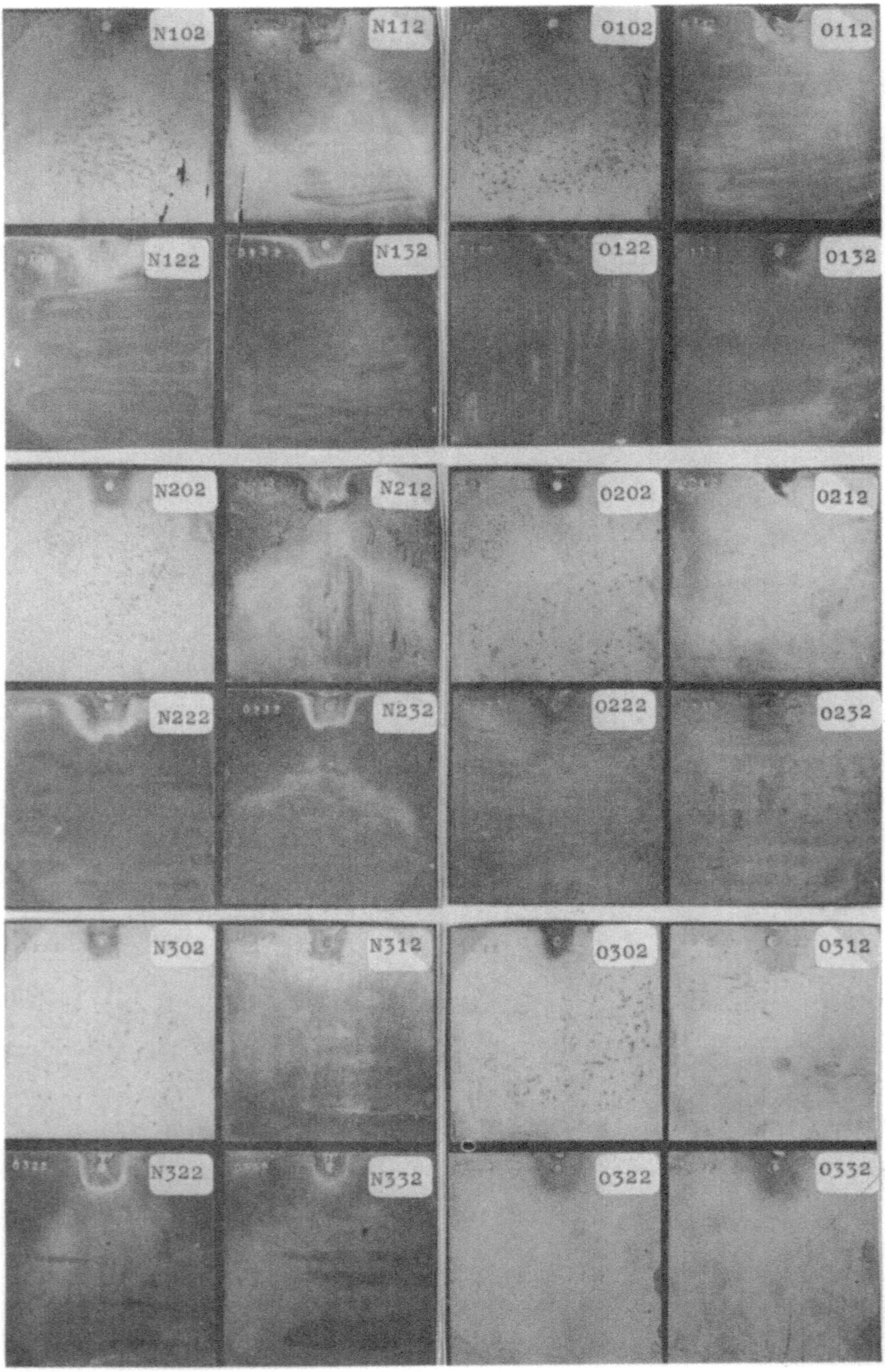
N102
N112
O102
O112
N122
N132
O122
O132
N202
N212
O202
O212
N222
N232
O222
O232
N302
N312
O302
O312
N322
N332
O322
O332

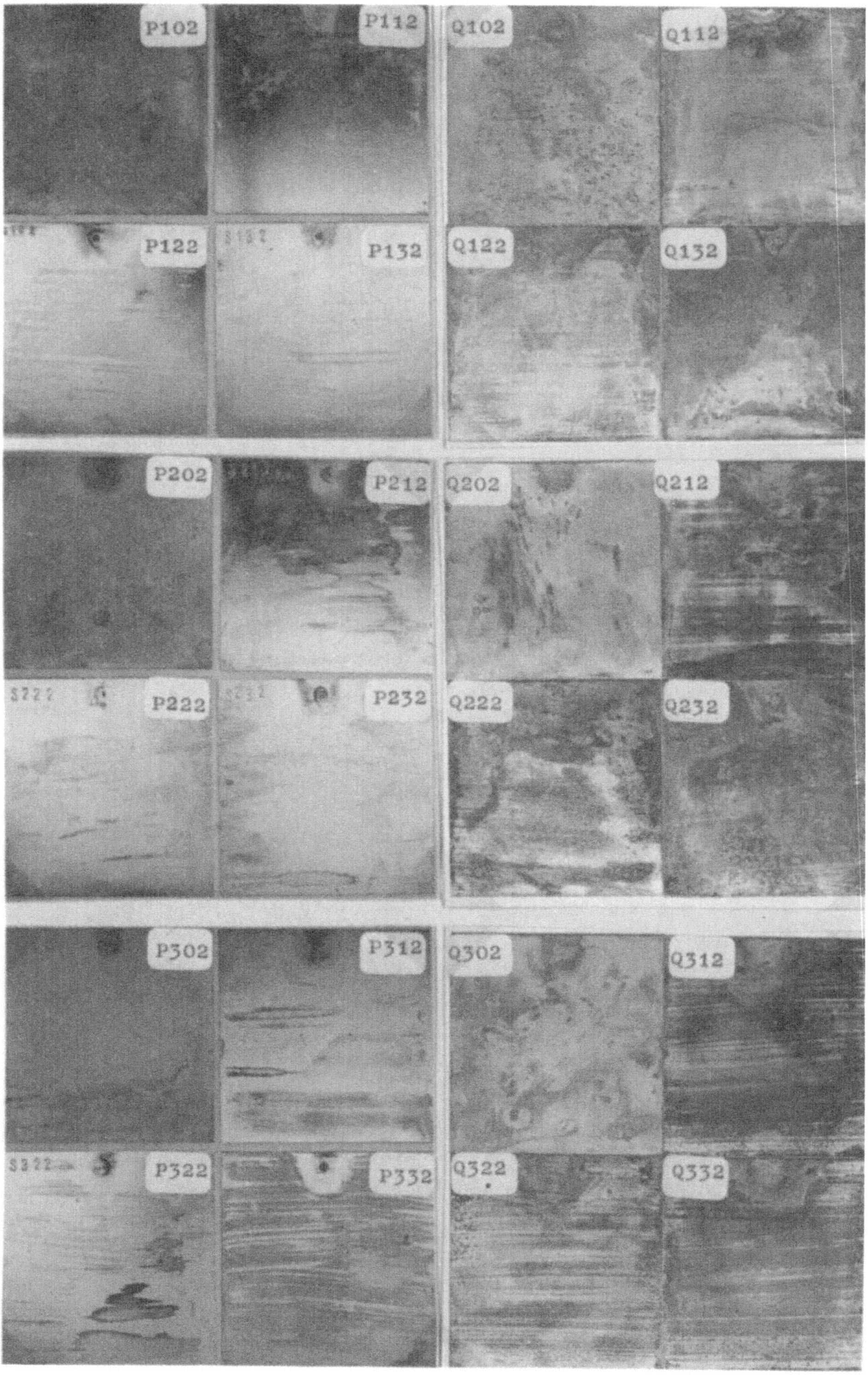
P102
P112
Q102
Q112
P122
P132
Q122
Q132
P202
P212
Q202
Q212
P222
P232
Q222
Q232
P302
P312
Q302
Q312
P322
P332
Q322
Q332

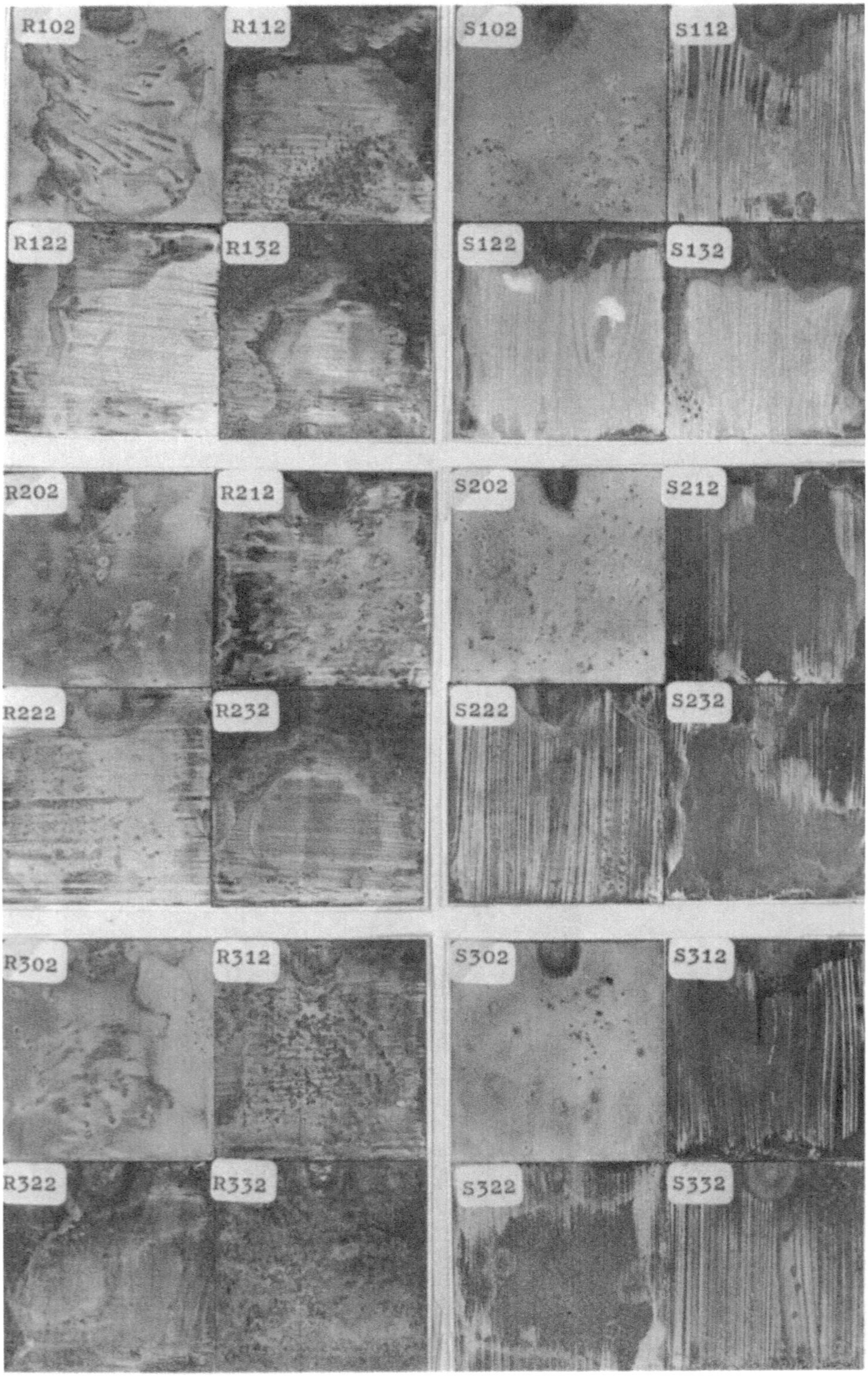
R102
R112
S102
S112
R122
R132
S122
S132
R202
R212
S202
S212
R222
R232
S222
S232
R302
R312
S302
S312
R322
R332
S322
S332

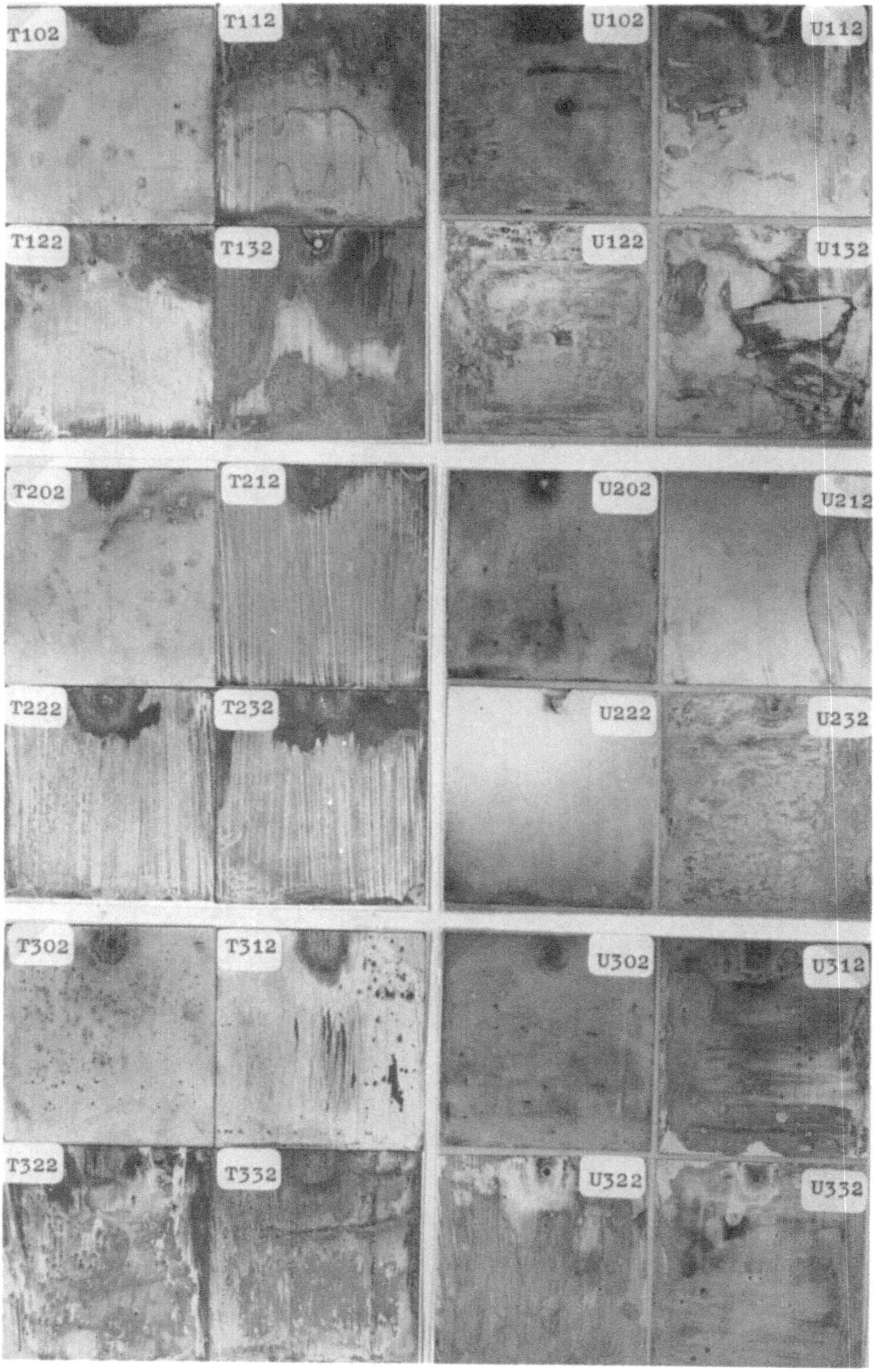
T102
T112
U102
U112
T122
T132
U122
U132
T202
T212
U202
U212
T222
T232
U222
U232
T302
T312
U302
U312
T322
T332
U322
U332

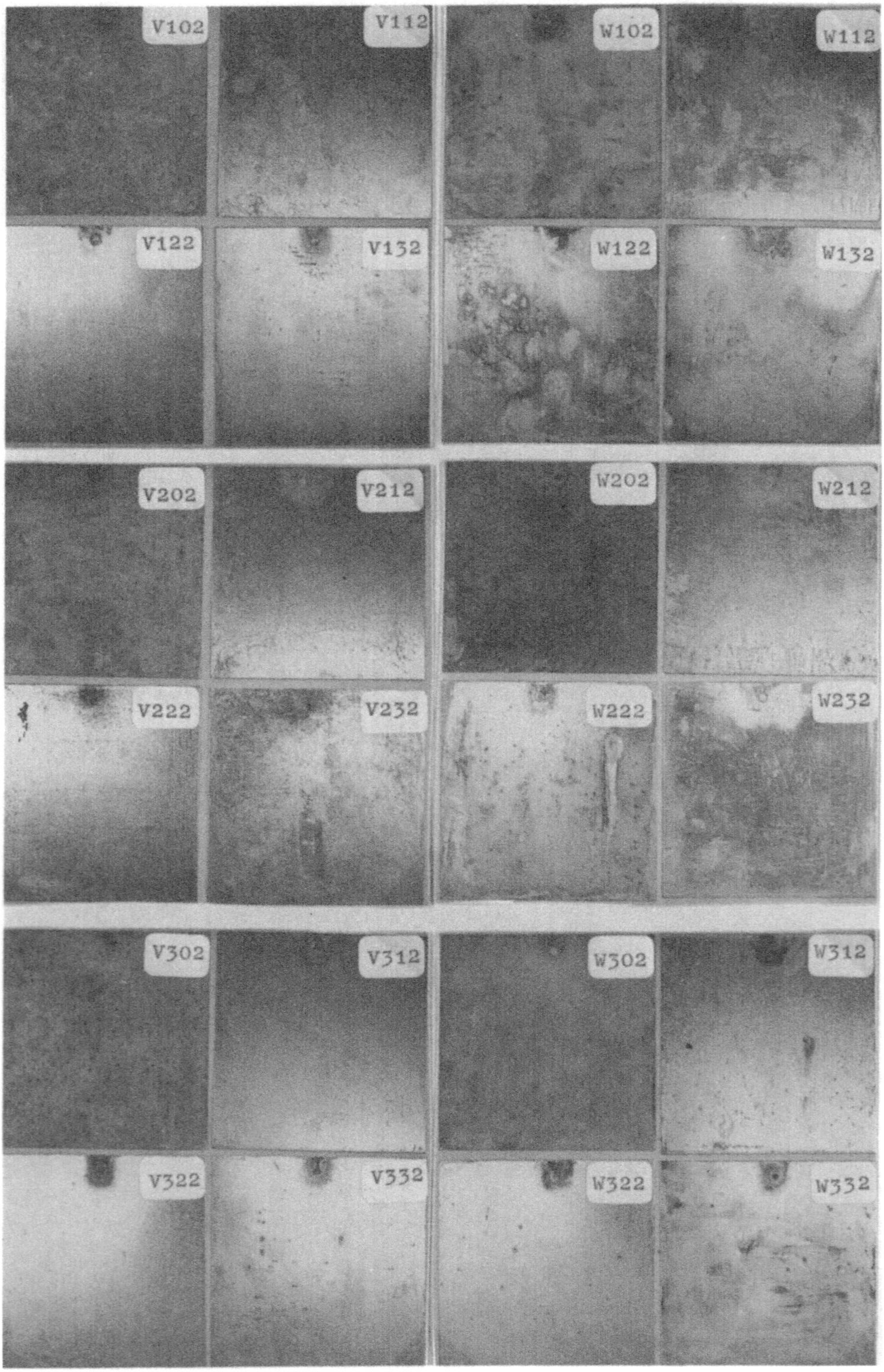
V102
V112
W102
W112
V122
V132
W122
W132
V202
V212
W202
W212
V222
V232
W222
W232
V302
V312
W302
W312
V322
V332
W322
W332

GPSR Compliance

The European Union's (EU) General Product Safety Regulation (GPSR) is a set of rules that requires consumer products to be safe and our obligations to ensure this.

If you have any concerns about our products, you can contact us on ProductSafety@springernature.com

In case Publisher is established outside the EU, the EU authorized representative is:

Springer Nature Customer Service Center GmbH
Europaplatz 3
69115 Heidelberg, Germany

Batch number: 10584556

Printed by Printforce, the Netherlands